台灣商業策略大全 2

# 精準獲利

## 企業永續經營、利潤極大化的商業模式秘訣

陳宗賢教授———著

# Contents

## 自序

　　在大學與研究所教了 48 年的書，也當了 71 家企業的專業總經理與執行長，在這近 50 年來也輔導過 3000 多家企業，更在 2022 年出版《台灣商業策略大全》後，就被建議應該寫一本如何能夠創造「倍增效益」的心法與實際案例舉證的書籍，供有心的經營者與年輕的創業者參考，並能快速地運用於經營上，創造亮麗的經營成效。

　　對此就整理這本《精準獲利》，供有心人參考。

　　本書分為 11 章，將經營過程的步驟一一展現，文中有著我每一階段的心法，也舉證實際經營與輔導的企業案例供印證，以利讀者在閱讀參考時，能簡易地融入了解與方便運用。

　　第一章〈有夢最美—運用策略地圖明願景〉強調我倡導的願景規劃經營，無論是我個人的人生與企業經營的過程，我都是堅持如此，因為沒有遠程目標，就容易失序，變成急就章，頭痛醫頭、腳痛醫腳地迷思在原地打轉，如果能從未來看回來，就知道當下是責無旁貸地

必須全力達成實現。

第二章〈擁抱國際—運用核心價值國際化〉強調我倡導的台灣所有企業與個人都須有國際宏觀。因為台灣400年來是以貿易立國發展經濟的，即使只做內需市場的企業，也必須加速跨境發展，因為台灣人口在50年內將減少至1700萬人以下，這市場總量將減少近40%，是會讓企業永續發展面臨瓶頸的。

第三章〈倍增效益—運用同心圓倍增績效〉是我經營企業與輔導企業慣用的手法，能創造10倍至100倍以上的成長，運用此經營模式，無論在任何產業與任何規模都適用，這是一套我發展出來的10倍數發展模式，特整理提供給大家參考。

第四章〈創新行銷—運用整合行銷創優勢〉是我引用行銷管理大師科特勒（Philip Kotler）的最新主張與提供，我經營企業都是靠行銷整合創造10倍至100倍效益的，這也是大家覺得不可思議的關鍵，在此就無私地分享舉證。

第五章〈短鏈優勢—運用產業鏈創造價值〉是我自1986年開始經營企業以來，無論在內需市場或國際市場，都是用此模式，一反只會OEM代工或有OBM卻是

等經銷商或代理商下單，如此就陷入彼得‧聖吉（Peter Senge）在《第五項修練》一書中所提到的倒閉的啤酒廠效應。

我經營企業，無論在內需市場或國際市場，都是運用一天交貨來創造優勢。這也從 2020 年疫情發生後，出現的「去全球化」趨勢得以證實。這是一個勝出的趨勢，我早用了 36 年，所以就讓我經營的企業超前勝出。

第六章〈通路為王─運用虛實整合擁市場〉是我經營企業與上課永遠都談的順口溜：「品牌有價，通路為王，商品命中，團隊菁英。」這是標竿企業的共同優勢，這可真的打臉了 1960 與 1970 年代創造台灣經濟奇蹟的「世界工廠的代工時代」，看官要了解代工不是不好，而是這是新興國家的優勢，台灣的現在與未來已無此優勢，莫一直活在溫室中，會變成溫水煮青蛙效應。

第七章〈合縱連橫─運用併購聯盟速擴大〉是我的實踐與倡導的經營模式，台灣的企業經營不能一直迷信「職人式」的經營，這會出現「獨夫經營」的小微企業型態，當然是會賺到錢，只是無法擴大市占率與影響力，所以要善用併購與策略聯盟來加速擴大產生影響力。

第八章〈借力使力—運用分權模式集團化〉是基於台灣進入 21 世紀後的市場，無論是商品市場或勞動市場，均發生很大的蛻變，尤其是 90 後的新世代，加上科技變革後的網商與電商時代，出現一股創業潮與自雇工作型態，這就導致 2020 年後，勞動供需逆轉失調的現象，所以我在 1973 年導用「責任中心制」與 1986 年創立「內部創業制」，就讓震旦集團與寶島集團成為業界的領導者，也形成一股風尚地改變台灣企業的經營管理模式思維，值得大家參考。

第九章〈共存共榮—運用敏捷模式創新局〉是延續第八章的精神，結合 2004 年出現的「敏捷管理」精神，更符合新世代上班族的價值觀，這將衝擊台灣的勞雇關係，也將顛覆傳統的管理思維，值得大家注意與引用。

第十章〈新速實簡—運用變革創新展新貌〉是我這 30 年來經營企業的手法，我不喜大企業的大規模與大兵團作業，因為這會患了管理學上的「帕金森定律」，所以總是將大企業分割成小微企業的組織模式，這就是我一直倡導的分權管理模式，讓每個小團隊自負盈虧，分享利潤，如此不但減少管理動作，更形成自動自發的自主管理。

這就是我多年來常會同一年份當 5 至 7 家公司 CEO 的緣由，同時也在大學研究所教書，更接許多顧問案的關鍵，這是許多人覺得不可思議的疑惑，今天藉此公開心法，讓大家參考。

　　第十一章〈精準決策—運用統合管理顯精實〉是經營的最重要關鍵，但是傳統企業卻是最忽略的。常態是愈成功的人愈相信他的經驗與判斷，姑且也沒錯，不過經驗是過去環境條件的有效方法，如今外在與內在環境條件都出現蛻變與變革，過去的經驗卻變成是傷害，所以提醒大家要重視 Big Data 收集後的 Data Mining，就是要從「大數據」變成「富數據」的解析，方能更精準的做對決策，更何況這是一個 AI 的時代。

　　綜言之，本書是將我 50 年來的經營心法與心路歷程整理，並加上各位所熟悉的實際個案來佐證，供大家參考與進行變革，讓大家能快速「轉念、轉變、轉型」，在多變的時代環境中勝出與倍數成長。

 敬筆

## 推薦語

陳宗賢教授繼《台灣商業策略大全》之後又有其續作《精準獲利》,《精準獲利》這本書可說是商界必讀的經典力作!

書中分享多個實證有效的商業模式策略以及台灣本土企業成功案例,無論是初入商場的新手,還是企圖突破瓶頸的資深經營者,相信都能在這本書中找到啟發與靈感,這本書值得各位企業先進細細品味,並從中找出自己的成功模式。

大毅科技股份有限公司董事長｜江財寶

陳教授是台灣經營管理的活寶典,實務與理論運用透徹,公司得以承襲同心圓理論,發展策略地圖、建構優質團隊,而多年前學習的行銷邏輯,讓我在切入市場時,更精準定位,也透過數據、通路布局的策略,讓我慢慢實踐品牌之路。

品牌有價,雖然建立品牌是一條不容易的路,但透過有系統的學習,累積知識、經驗,去實踐、執行,會一步步更靠近身為卓越領導人的樣貌,為企業永續而努力。

六月初一執行長｜沈劭蘭

《精準獲利》這本書是一部全方位揭示如何精準獲利的寶典，更是投資與商業策略引導獲利的最佳工具書籍。陳教授以深入淺出的方式探討案例分析，並介紹如何運用策略地圖工具來創造精準分析，制定有效策略，以達到獲利的目的。

正成集團透過陳教授多年的策略指導，以同心圓理論，實際運行在品牌、業務、行銷、通路及管理等面向為基底，以策略地圖計畫執行，將理論實現並積極發揮，展現正成獨特多元化產業發展的企業文化，集團營收及獲利每年均在倍數成長。

了解理論和實際操作中的應用，互相結合並配合堅持和決心，就能實現自我創造價值。衷心希望《精準獲利》這本書能為您帶來豐富的收穫並在您的財富旅程上，起到指引的作用，創建更美好的未來！

正成集團總經理｜丘揚祖

科定企業成立 21 年，跟上陳教授的學習路，至今已 16 年之久，深刻體會瞬息萬變的時代，企業經營求新求變才是當道，跟著陳教授「轉念、轉變、轉型」的創新理念，找到精準獲利的核心價值，才能使企業的效益倍

增，透過書中深刻的案例，探討成功的精髓，不僅是知識的寶庫，更是實踐的明燈，讓我們共同開啟這輝煌新篇章。

科定企業股份有限公司董事長｜曹憲章

初接班時，對經營管理一竅不通！那時很有福報有機會上了陳教授的課。在課堂上每每聽到那些陳教授巧手改造過的企業，業績總是能兩倍、三倍、五倍、十倍、五十倍的成長！我坐在下面，一直在試想著我可以如何帶領公司做改變與轉型！

後來我擷取了陳教授在課堂上講的「同心圓」經營方式與管理技巧，發展出適合我們自己企業的變革方式，終於我們的業績也可以像陳教授講的那樣，有翻倍的成長！

夏馬城市生活總經理｜陳孟吟

敏捷管理源自於敏捷軟體開發的思維，透過短週期、小增量、收集回饋和持續迭代，來交付產品服務以創造商業價值。面對不確定的市場，企業對外必須透過

快速回應市場需求，滾動式調整來投入執行最有價值的工作項目，同時對內著重建立敏捷自組織團隊，分層授權彼此協作，我相信在這樣子雙管齊下的企業們，都可以精準獲利。

新加坡商鈦坦科技總經理｜李境展

　　作者運用自己近 50 年的經營和指導企業的經驗，詳細闡述了各種經營模式，涵蓋了提高效率、品牌建立、管理方案、合併收購、市場行銷等等。

　　每一章都提供了許多實際經驗和案例，非常有說服力。這本書強調了構建經營理念與目標的重要性，以及如何將它們融入到運營計畫中來實現最佳效果。

　　它還涵蓋了對當代經濟結構的理解、國際品牌打造、產業鏈運作、合併收購、敏捷管理等重要主題。

　　對商業小白，這本書將是一本非常有用的參考手冊；對企業經營者，這本書是過去經營的反思及未來經營的指南針。推薦給大家！

豪紳纖維股份有限公司董事長｜陳明聰

精準獲利

**1**
Chapter

有夢最美

運用策略地圖明願景

# 經營策略的導用認知

策略地圖一詞是出現於 2004 年，但是我在 1973 年開始經營、輔導企業的過程上，就用這樣的經營模式，只是當時不是稱為「策略地圖」，而是稱為「企業中長期發展目標與計畫」。

我接手經營一家企業，第一步一定是確立這家企業的策略地圖。策略地圖對任何企業來說，都是非常重要的。不管企業規模大小，都要建構策略地圖。

策略地圖可分成短期、中期、長期，短期是 3 年期，中期是 5 年期，長期是 10 年期。雖然很多人都認為，策略地圖應該分成 1 年期、3 年期和 5 年期，但是我倡導的是 3 年期、5 年期和 10 年期，因為 1 年期只是年度目標與計畫，不是策略地圖。

企業經營，必須先有願景，才能回到年度的目標與

計畫。願景就是企業未來的發展方向、企業未來要達到什麼樣的境界，具象化之後就是策略地圖。有願景與策略地圖，企業經營才不會頭痛醫頭、腳痛醫腳，病急亂投醫。

台灣有非常多的企業都是頭痛醫頭、腳痛醫腳，很努力地做多少、算多少，才會常常在原地徘徊，沒有辦法有方向性的走出去，只能深陷在束手無策的困擾中，哀號自家企業好像沒有未來。

其實會有這樣的困擾，都是因為外在環境的衝擊與不可控制因素太多。然而，不管是大型企業、中型企業、小型企業或微型企業，在經營過程上一定會遇到外在環境與不可控制因素的影響，因此企業經營應該考量到，一旦企業遇到外在環境與不可控制因素的影響，應該如何應對。

這也是我們建構策略地圖的前置準備。策略地圖要建構正確，就要做好內外部環境情資的蒐集與調查研究。

對於內部環境，要蒐集與調查研究的情資是公司的人力資源、物力資源、財力資源。對於外部環境，要蒐集與調查研究的情資是 PESTEL。

P：Political；政治、政策因素

E：Economic；經濟、市場因素

S：Social；社會現象、流行趨勢

T：Technological / Threat；科技變革、競爭威脅

E：Environmental；環境、氣候因素

L：Legal；法律、法規、認證限制

不管內銷或外銷，對內都會遇到這三大可控制因素的影響，對外都會遇到這六大不可控制因素的影響，因此任何企業都要注意到這些可控制因素與不可控制因素的變化情況，如此才能未雨綢繆地做好超前部署。有未雨綢繆地做好超前部署，企業在整個發展過程上才能篤定前行，不致手忙腳亂。

有了內外部環境情資的蒐集與調查研究，我們就可以依此建構策略地圖。策略地圖的建構有四大架構，依序是願景目標、戰略規劃、策略規劃、財務規劃。

首先，我們要訂定公司未來 5 年的願景目標。有了願景目標，我們才可以思考如何達標、超標的戰略規劃。

戰略規劃是政策，願景目標也是政策，政策就意指既定的發展方向、不輕易改變的原則與堅持。

# 策略地圖架構

| 項次 | 項目 | | 年 | 年 | 年 | 年 | 年 |
|---|---|---|---|---|---|---|---|
| 1 | 業績目標 | | | | | | |
| 2 | 結構內容 | 品牌／商品 | | | | | |
| | | 區域／國別 | | | | | |
| | | 事業別 (BU) | | | | | |
| 3 | 組織規劃（人力配置） | | | | | | |
| 4 | 戰略規劃 | 行銷戰略 | | | | | |
| | | 產銷戰略 | | | | | |
| | | 發展戰略 | | | | | |
| | | 財務戰略 | | | | | |
| | | 管理制度 | | | | | |
| 5 | 營運對策 | 行銷對策 | | | | | |
| | | 業務對策 | | | | | |
| | | 市場對策 | | | | | |
| | | 商品對策 | | | | | |
| | | 產銷對策 | | | | | |
| | | 人資對策 | | | | | |
| | | 行政對策 | | | | | |
| | | 研發對策 | | | | | |
| | | 資管對策 | | | | | |
| | | 財會對策 | | | | | |
| 6 | 毛利率 | | | | | | |
| 7 | 費用率 | | | | | | |
| 8 | 淨利率 | | | | | | |
| 9 | 資本支出 | | | | | | |
| 10 | 資本結構變動 | 增資 | | | | | |
| | | 融資 | | | | | |
| 11 | 資本額 | | | | | | |

戰略規劃要做的主要有行銷的戰略規劃、產銷的戰略規劃、組織的戰略規劃。戰略規劃不是由 CEO（執行長）一個人獨斷獨行，而是由 CEO 帶著身邊重要的左右手來集思廣益。

　　有了戰略規劃，才有策略規劃。策略規劃是戰術，由部門主管負責。相較於政策不能輕易更改，策略則可以朝令夕改，因勢利導地因應整個外在環境條件與公司經營運作的方向來微調。

　　換言之，既定的發展方向不會變，執行過程中的方法會變。而執行過程中的方法會變，主要是因為外在環境（PESTEL）改變了，我們只能被衝擊，無法控制它，要把衝擊降到最低，就要應變。

　　有了願景目標、戰略規劃與策略規劃，最後就要有財務規劃。財務規劃就包括公司預估的損益、資本支出及資本結構。

　　當我們把策略地圖的願景目標、戰略規劃、策略規劃、財務規劃都規劃得非常清楚，企業的發展方向就會非常清楚，我們要訂定公司的年度目標就會非常清楚。

　　這麼多年來，我主持與輔導企業，發現台灣有 99%的企業都是頭痛醫頭、腳痛醫腳，根本不知道目標怎麼

訂，也不知道每年要成長多少才對。對此，我都會告訴沒有建構策略地圖的企業，不管業績目標或淨利目標，成長率都應該設定在 20% 以上。

這個 20% 的數據是有基礎的，因為企業經營，每年的費用一定會增加，諸如薪水調漲、物價上漲，費用就會增加，增加的幅度可能是 5%，若是通貨膨脹，可能就是 10%，如此一來，毛利就要跟著增加 10% 以上，而毛利、費用都增加，淨利自然就要增加。這是企業經營應有的基本認知。

台灣企業之所以絕大多數都是中小微型企業，就是因為絕大多數企業都沒有做策略地圖的規劃，只會埋頭苦幹地守在熟悉的本業。這是領導者的慣性思維所致。

根據 2021 年台灣 2000 大企業排行榜顯示，要成為 2000 大企業，年營業額必須超過 11.7 億元，但是 2020 年只要 10 億元，就可以成為 2000 大企業，這中間成長了 17%。這也是為什麼我會訂定企業每年要成長 20% 的關鍵。

換言之，我們企業的年營業額必須跨過 10 個億，我們才能說我們是中大型企業。我們企業的年營業額有跨過 10 個億，我們也才能走入國際，但是我們也要認知

到，對於全世界來說，11.7 億元仍是小數字。台灣前 10
大企業，年營業額都破千億。年營業額破千億，才能成
為世界級企業。

我們若要成為世界級企業，就要做策略地圖的規
劃，先有「3 年內成為台灣業界前三大、5 年內成為亞
洲業界前三大、10 年內成為全球業界前三大」的願景目
標，再有如何達標、超標的戰略規劃、策略規劃、財務
規劃，如此就能心裡篤定、按部就班地跳躍式成長。

不要因小而不為。現在檯面上我們看得到的大企
業，絕大多數都是從小做大的。很多企業一開始都是小
規模，但是後來能不能成材，成為一家具有影響力的企
業，靠的就不是埋頭苦幹地努力打拚，而是有效的經營
管理工具、方法、技巧的運用。

相信大家都很有感觸，科技改變所有一切，市場千
變萬化，全球的不可控制因素實在太多了，因此企業必
須站穩腳步。如何站穩腳步？策略地圖是一個我多年來
實證有效的經營模式。這也是我為什麼會不厭其煩地倡
導企業應有策略地圖的主因。

個 案 解 析

# 研華
## 世界級工業電腦大廠

◆ **公司經營理念**

人本環境

誠信篤實

卓越創新

利他貢獻

◆ **公司願景目標**

研華以《從 A 到 A ＋》一書中所提出的刺蝟三圓圈為基礎，勾勒研華刺蝟三圓圈，並以此為核心嚴格執行。

研華將懷抱「智能地球的推手」之願景，從利他精神出發，專注投入正派經營，以追求頂尖為策略，致力複製利他概念的成功經驗，發展產業群聚效益，以期建立與社會良性因果循環的企業成長模式，成為卓越的產業領導者，與社會共好共榮。

## ◆ 公司發展沿革

| 年份 | 重要大事紀 |
|------|-----------|
| 1983 | 由3位原任職美商HP公司的同事創立，原先是生產一般個人PC。 |
| 1989 | 擬定「策略地圖」轉專攻IPC（工業電腦），也由原系統整合服務商逐漸轉型為系統組件製造商。 |
| 1991 | 因應工業4.0，發展工業網路。 |
| 1999 | 股票掛牌上市。 |
| 2007 | 成立歐洲總部，開始啟動併購策略。 |
| 2010 | 併購DLoG GmbH公司100%股權。DLoG GmbH擁有工業級車載電腦的設計與研發，應用於車載倉儲、重型工程車（礦車、農耕機）市場。<br>併購英國Innocore Gaming公司100%股權。Innocore Gaming主要從事設計及生產博弈用的電腦平台軟硬體設備。<br>併購ACA先進數位科技100%股權。ACA主要從事工業可攜式電腦及具備整合無線傳輸的設計。 |
| 2013 | 併購鈞發科技70%股權，鈞發科技為台灣POS廠商。<br>併購寶元數控，合併後專攻發展機器人與智慧控制平台。<br>為了跨入歐洲市場，併購英國GPEG 100%股權，GPEG為智慧嵌入式顯示器大廠，主要經營博弈事業的智慧嵌入式顯示器設計與生產。 |
| 2014 | 再進入物聯網領域，正式成立IoT為主的次集團。 |
| 2015 | 取得B+B SmartWorx 100%股權。B+B SmartWorx為美國工業物聯網大廠，主力產品為光纖多媒體轉換器與工業網通路由器、工業交換器，並在歐美市場銷售。 |

| 2016 | 透過旗下轉投資ATC(HK)取得業強昆山廠房及業強科技昆山有限公司100%股權。<br>與英業達合資成立英研工業移動公司，雙方各持有45%與55%股權，此公司主要專注於工業用手持無線裝置之研發及產銷，應用於零售、車載、醫療等市場。 |
|---|---|
| 2017 | 於東京淺草買下大樓，成立日本分公司。<br>投資韓國Kostec並取得60%股權，Kostec為南韓醫療顯示器公司，此投資案有助於拓展南韓市場。 |
| 2018 | 與工研院合資成立公司，主要從事水處理業務，將IoT技術與工研院之水處理技術結合為系統化服務，建立台灣之循環經濟。<br>為了深耕土耳其市場，投資Alitek Teknoloji 25%股權。建構跨足中東市場並提供在地服務之前哨站。<br>取得日本IoT系統整合商Nippon RAD約19%股權。藉此投資，與Nippon RAD於工業物聯網及設備智能化等整合為上下游偕同共創模式。<br>與越南系統整合商TECHPRO合資成立越南分公司，除為滿足國外夥伴產能需求外，進一步深耕越南內需市場。 |
| 2019 | 收購日本OMRON Nohgata 80%股權，藉此收購案深耕日本市場外，也鎖定機器人、工具機、工業自動化及醫療等應用。<br>取得東捷資訊20%股權，藉此投資，與東傑資訊於智慧工廠形成上下游協同共創模式，擴展於亞洲智慧製造市占率。<br>取得華電聯網19.99%股權，華電聯網為台灣電信媒體與網路資訊系統整合商，藉此投資，深耕智慧城市物聯網市場。 |

## ◆ 公司經營重點變化

研華在 1983 年成立時，鑒於 IBM 與 Apple II 方興未艾，創辦人劉克振與莊永順又是從 HP 出來，有相關技術背景，因此想做延伸性創業，玩 PPC，但是玩到最後卻卡在年營業額 2 億元的天花板，上不去。在感到困惑之餘，適逢 PC 產業聚會，遇到與會的 K 公司，得知我帶領 K 公司在 3 年內業績成長 130 倍的事蹟後，就想找我來當總經理。

我後來婉拒了研華的邀請，但是接下了研華的顧問案。當時的研華是默默的做，並沒有大放異彩。大放異彩的是大家比較熟悉的宏碁、華碩、大眾。現在很有名的電競級電腦廠商微星、技嘉，在當時也是 Nobody。

面對同樣是 Nobody 的研華，我告訴他們：「我可以引導你們如何做策略地圖。」他們同意了，於是在 1991 年召集公司所有理級以上主管，關在新店楓橋酒店三天兩夜，研討規劃建構公司的策略地圖。

我引導他們：PC 可分成 PPC、CPC、IPC。PPC 是個人電腦，CPC 是商用電腦，IPC 是工業電腦。公司應該玩 IPC。

因為太多企業在玩 PPC，PPC 已變成紅海市場，沒什麼利潤，而且很快會陷入價格戰，屆時誰有充裕的資本投入大量代工生產，誰就是贏家。很顯然，研華沒有那麼多資本，因此玩不起 PPC。CPC 雖然有機會，但是因為與 PPC 太相近，因此機會不大，倒是 IPC 還沒有被人注意到，機會很大。

因為 1776 年是工業 1.0 的工業革命，1960 年是工業 2.0 的自動化革命，1990 年是工業 3.0 的資訊化革命。1990 年開始，全世界的製造業會走向資訊化，過去是產線的機台設備自動化，機台取代人工，未來會是電腦系統主導機台設備的自動化，資訊取代人力的腦袋，如此一來，走向資訊化的製造業就需要用到工業電腦，公司若是跟上這個潮流，超前部署，就會大好。

我的引導，他們聽懂了、接受了，於是問我：「怎麼做？」我就教他們如何從 PPC 轉攻 IPC，依此建構 3 個五年計畫（策略地圖）。研華就在 3 個五年計畫的奠基下，發展成為全球最大的 IPC 製造商。

因為我在引導研華建構 3 個五年計畫時就提到，當本業穩定之後要擴大，不是自己來，而是啟動併購，公司發展速度才快，因此研華在建構策略地圖時，就把併

購策略納入其中，2007 年也如期啟動併購。

之後為了跟上時代潮流，因應工業 4.0 的 AI 化革命，研華都是運用併購策略來快速跨入新的領域，包括併購德國同業，快速跨入車用領域；併購台灣同業，快速跨入可攜式領域。接著更從業內併購進入跨業併購，從此，研華不再只是單純的工業電腦大廠，而是開始跨產業發展。

因為業內併購是力量的延伸，不同於跨業併購要做很多準備，因此我們若要啟動併購，第一階段應是啟動業內併購最安全。

2017 年研華鑒於歐美市場已經鞏固，開始進入日本市場，2018 年則借殼進入土耳其、日本與越南市場，這是研華為了公司的未來而做的布局。這是因為有了我的引導，有了策略地圖的奠基，才能在策略地圖的運用上看得很遠。

2019 年研華併購日本企業，則印證了我當時倡導的「現在是買日本公司的最好時機」，因為日本技術領先，卻後繼無人，此時不買，何時買？

　　另外，研華不斷併購醫療相關企業，也意味著任何企業都要運用同心圓理論來延伸擴大，不要有「我是這個專業就只能做這個專業」的迷思。若是只會守在本業的專業，當本業的專業出問題，就會很淒慘。

　　2019 年研華也因應 2010 年工業 4.0 的 AI 化革命，從工業電腦跨入工業物聯網，再跨入智慧物聯網。可見，研華的發展一直與工業的演進密切相關。他們沒有原地踏步，而是隨著科技進步，一步一腳印地運用同心圓理論延伸擴大。

　　研華的發展路徑也意味著當企業垂直深耕後，還要水平擴大，底盤才會穩固。若是沒有水平擴大，還在垂直深耕，就會愈做愈小。因為別人會跨進來取代我們。而我們與其被別人跨進來取代，不如跨出去取代別人。

　　再者，台灣的內需市場規模愈來愈小，守在台灣做不大，要以戰養戰地跨出去，先跨到東協，再跨到印度，才會海闊天空。因為相較於中國會模仿我們，東協與印度會依賴我們，我們光做東協與印度市場，就能超越中國。

## ◆ 觀察評估解析

研華能躍居全球最大的 IPC 製造商，主要是奠基於我在 1991 年引導他們集思廣益所建構的策略地圖。

研華在建構策略地圖時，我是扮演引導的角色，引導他們從 PPC 轉攻 IPC。會如此引導，主要是因為我自 1978 年進入製造業以來，主持過不少消費性電子產業的公司，相當熟悉電子產業的生態。

我會熟悉電子產業的生態，主要是因為我在主持任何產業前，都會先逼自己在 3 個月內入行。所謂入行，就是要蒐集情資，了解該產業的過去、現在與未來，及該產業的科技變化、設備精緻化與市場變化。

因為我入行了，因此我熟知製造業是速度決定勝負，在工業 2.0 的自動化時代，速度是靠生產線輸送帶決定勝負；在工業 3.0 的資訊化時代，電腦發展上來，速度就還要靠機台設備的精密度決定勝負，如此一來，IT 產業就會改變製造業的生產線，誰先耕耘，誰就領先，因此我才會引導研華從 PPC 轉攻 IPC。

而同樣是電子產業，研華在建構策略地圖時，我是引導他們轉攻 IPC；K 公司在建構策略地圖時，我則是

引導他們賣電腦周邊產品，而不是引導他們做電腦製造。

兩者會有不同方向的引導，主要是因為 K 公司是電子材料買賣業起家，雖然後來跨入 PC 組裝，但是因為是家族企業，經營決策層沒有相關技術背景，不熟悉 PC 製造業的生態，因此我沒有引導他們往製造業發展，而是引導他們往買賣業發展。

相較之下，研華的經營決策層有相關技術背景，我引導他們做前瞻趨勢觀察，他們都能很快聽懂，因此能在三天兩夜的策略地圖研討會中，第一天就把資料蒐集好，第二天就可以作專題研討。

而研華為了建構策略地圖所做的資料蒐集，就意味著企業建構策略地圖不能閉門造車，必須蒐集市場環境情資、產業趨勢變化、公司內部資源資料，研討出來的結論精準度才高。

再者，研華的策略地圖不是創辦人說了算，而是 19 位理級以上主管組成的經營管理團隊說了算，創辦人只是架樹幹（提出發展方向），樹幹上的樹枝是由經營管理團隊站在功能的角度來補足，因為是經營管理團隊共同商討出來的，因此經營管理團隊會有共識，落實執行時就會一致。

若是只有創辦人下達指令，經營管理團隊按指令執行，經營管理團隊就會質疑：「對嗎？有道理嗎？」如此一來，執行的力道就會被質疑的力道抵銷。

　　這也可見，企業若要建構策略地圖，就不能任由老闆一個人獨斷獨行，必須讓經營管理團隊參與，讓經營管理團隊相互研討構思未來的願景目標該如何實現，如此，經營管理團隊才會覺得這是他的事情，他的投入度才會高。若是任由老闆一個人講該怎麼做，經營管理團隊就不會覺得這是他的事情，如此，他的投入度就不會高。

　　當然，有了策略地圖，就要落實執行；沒有落實執行，就沒有效果。正如彼得‧杜拉克（Peter F. Drucker）說的，企業經營的成功關鍵在實證（Practice），沒有實證就無效。換言之，策略地圖不是拿來玩、拿來幻想的，也不是拿來參考用的，更不是拿來束之高閣的，要每天看才有感覺，每天看才知道現在的步調有沒有跟上目標。

　　而研華的策略地圖可分成 2 個階段的 3 個五年計畫。研華第一階段的 3 個五年計畫，主軸在扎根；第二階段的 3 個五年計畫，主軸則在國際化。

　　研華建構第一階段的 3 個五年計畫時，還是功能性

組織，因此當時參與研討的人都是理級以上主管。這些主管都是 Pool 裡的人，有共同語言，因此第一階段的 3 個五年策略地圖（從 PPC 轉攻 IPC）可以很快成形。

後來研華改制成集團化的 BU（Business Unit；事業部）制，參與策略地圖研討的人就變成集團的經營決策團隊，而不是理級主管。因為理級主管會站在個人專業的角度看事情，把思維局限住，缺乏宏觀創新遠見，因此只能當執行團隊，不能參與策略地圖的研討。

研華在實現第一階段的 3 個五年策略地圖時，就一躍成為工業電腦主導者，只是成為工業電腦主導者之後就滿足現狀，滿足現狀之後就進入停滯不前的高原期，直到修正了第二階段的 3 個五年策略地圖，才又快速發展上來。

因為研華是 PC 產業的後起之秀，當時的 PC 五霸是佳佳、旭青、詮腦、神通、宏碁，研華若要玩這個已經淪於紅海市場的 PPC，就無法從中脫穎而出，必須改玩還是藍海市場的 IPC，才能搶先稱王。

而研華改玩 IPC，後來的實績也證明它當初的決策是對的。當時比它大、比它風光的佳佳、旭青、詮腦現在都倒了，現在還活著的 PPC 業者都是靠品牌支撐，諸

如 HP、戴爾。

而研華依策略地圖的規劃在 10 年後的 1999 年上市，上市的目的則在快速取得資金與經營正規化。快速取得資金，意指上市後就能快速從外部拿到錢，發行公司債後，還能快速拿到第二筆錢，如此要做夢想的實現與擴張，就不需要增資。經營正規化，則意指管理模式要從集權走向授權與分權，並且內控九大循環要全部落實，不能形式化。

研華創辦人因為是從 HP 出來，HP 又是國際級品牌，因此他們很堅持把願景目標設定成「成為全球領導品牌」。我輔導時則引導他們：「你們玩 PPC，連老東家都玩不過，如何成為全球領導品牌？要另起爐灶，玩老東家沒玩的，才會海闊天空。」

研華創辦人接受我的引導，將願景目標改成「成為全球工業電腦領導品牌」後，用來實現願景目標的方法就是同心圓理論。

研華根據同心圓理論，從工業電腦延伸擴大至可連上雲端的攜帶型裝置、物聯網裝置，及汽車、博弈、醫療。因為延伸了，所以業績數倍增；因為擴大了，所以業績十倍增、百倍增。若是研華還守在核心本業，想要

## ◆ 公司發展沿革

| 年份 | 重要大事紀 |
|------|-----------|
| 1959 | 正成貿易股份有限公司成立，致力於進口專業設備與市場開發。 |
| 1962 | 轉進攝影沖印器材市場，引進日本知名品牌。 |
| 1970 | 公司增資，擴大進口代理品牌。 |
| 1984 | 制定長遠發展計畫，開發影視新市場。 |
| 1992 | 引進專業電影電視數位燈光攝影及廠務器材。 |
| 1995 | 進入中國設立辦事處，並致力於開發電視電影市場。 |
| 2005 | 成立北京正晟貿易有限公司，取得眾多影視、燈光器材大中華區總代理。 |
| 2009 | 總部遷移至台北科技城，成立國際認證台灣區技術維修中心。<br>公司組織制度變革改造，實行集團化經營管理。<br>經營台灣國家地理攝影包，榮獲全球最佳代理商肯定。 |
| 2011 | 正式引進PHOTO攝影器材系列進入中國。 |
| 2012 | 正式引進代理ARRI數位電影攝影機及周邊設備。 |
| 2013 | 成立香港分公司，拓展香港消費性攝影及專業影視器材市場。 |
| 2014 | 擴大大中華地區影視連鎖通路，並成立CS影視網路商城。 |
| 2015 | 建立正成集團形象旗艦店及展示中心，擴展網路銷售通路。 |
| 2016 | 擴大大中華區和東協市場。 |
| 2018 | 跨足進軍新加坡，擴及印度和澳洲。 |
| 2019 | 正成集團成立60週年，擴展專業音訊設備市場。 |
| 2020 | 深耕東協市場，並提供旗艦級影音視聽一站式服務。 |

## ◆ 公司經營重點變化

正成是從事從進口代理到國內銷售的買賣業，於 1959 年成立。我是在 2008 年當正成的顧問，之後轉任正成的執行長。因為我簽專業經理人合約只會簽 3 年，因此 3 年合約期滿，我就轉任正成的執行顧問。

我協助正成時，就為正成建構策略地圖。正成從創業的第一代到接班的第三代都只做影視器材的進口代理，並且只在台灣做，雖然有到中國發展，但也只是小規模的運作，因此我帶著正成的經營決策團隊建構策略地圖時，就不再只守著台灣市場，而是往外布局。

因為台灣的市場規模太小了，做台灣市場，絕對做不大。雖然台灣也有不少企業以做國內市場為主，但絕大多數都是通路商，並且是大的零售集團，諸如全聯。然而，即便是大的零售集團，只做台灣市場，年營業額要做到上千億元，也是不太容易。統一超商的年營業額能做到上千億元，主要是因為有跨出台灣。若是只做台灣市場，就很難做大。因此，我引導正成，要讓公司變得不一樣，就要跨出台灣。

正成在我接手之前，已在中國成立分公司來經營中國市場，這是正確的行動。美中不足的是，在中國市場

只有小規模的運作，因此為了拓展中國市場，我就將中國市場分成數個區塊，導入省代、市代和區代的經營模式。

省代是省級代理的簡稱；市代是市級代理的簡稱；區代是區域代理的簡稱，會跨數個省市區。省代、市代、區代，在台灣就稱為總經銷商。因為中國的每一個省市區都很大，因此可以切割成一個省市區就是一個代理。

而正成在中國找當地的省代、市代、區代來做當地市場，第一階段，公司的年營業額就成長了 5 倍，老闆在滿意之餘，也開始進一步地與我討論公司的未來。

因為公司找省代、市代和區代來做中國市場，做出 5 倍的效益，就促使公司在中國不再需要那麼多人力，因此公司在北京和上海的分公司就開始縮小規模，人力縮編到只剩下 2 人和 1 人，主要工作是服務、輔導、教導省代、市代和區代如何使用公司產品，市場就交由省代、市代和區代來開發與經營。

這也可見，業績做大，組織規模並不會隨著業績做大而擴大。當老闆想用中央集權模式來管控所有一切時，公司的組織規模就會隨著業績做大而擴大。當老闆改用分權模式或經銷模式，對經銷商就不需要管太多。

而且經營的商品愈多，備貨也不一定就多，端視我們建構策略地圖時，產銷運作模式如何規劃而定。正成在我接手前，庫存是營業額的 10 倍，在我接手後，營業額是庫存的 10 倍，同樣是 10 倍，好壞完全不一樣，關鍵就在策略地圖的建構，可以讓一家企業走上正軌運作，乃至跳躍式成長。這是正成的第一階段變革。

正成的第二階段變革則在 2017 年，我引導正成開始往南擴大。因為除了兩岸的市場，未來的市場是在東協。當時團隊曾反映：「東協需要代理商才能進去！」我則告訴他們，代理制度是買賣雙方的基本約定，全世界沒有代理制度的規定，因為市場是開放的，怎麼可能會有代理制度？尤其有了 WTO（世界貿易組織）之後，就去除了代理制度的獨占模式，台灣也通過公平交易法，代表以進口業來說，誰都可以進口商品進來賣，代理制度只是賣方對代理商的保障約定。

團隊理解、認同後，我就帶領他們往南發展，做進東協市場。現在他們也沒有止步於東協市場，而是進一步做進印度市場與中東市場。

## ◆ 觀察評估解析

正成能從一家本土的影視器材進口代理商跳躍式成長成跨足兩岸市場的影視器材總代理商與通路商，再跳躍式成長成跨足東協和南亞市場的影視器材總代理商與通路商，在亞洲市場具有影響力，靠的就是策略地圖的建構。

有了策略地圖，再根據策略地圖，按部就班地落實執行，就會產生好的效應，最顯著的效應就是公司不太需要去爭取代理權，所有的知名品牌就會主動找上門。

我們也可以試想一下，正成是 1959 年創業，到 2008 年我當正成的顧問，這 49 年的時間，都只守在台灣市場，因此年營業額一直卡在 1 億元的天花板，很難突破，現在的年營業額可以成長到當初的好幾倍，就是用了對的方法去做，不再只是埋頭苦幹的努力。

這個對的方法就是策略地圖。當然，除了策略地圖之外，我也引導正成導入分權管理的 BU 制，因此正成能在 8 個 BU（營業部門）各自自負盈虧的運作下快速成長擴大。這也可見，當經營者能轉念，從家天下的集權管理思維轉念成共利共享共好的分權管理思維，企業就會有跳躍式成長的轉變。

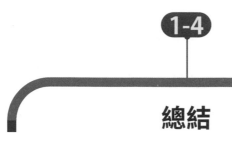

# 總結

　　從前述兩個案例可做一個簡單的歸納，首先，策略地圖是一家企業中長期發展的願景目標，當我們有中長期發展的願景目標，全公司從老闆到員工、整個組織團隊從上到下，都知道公司的未來在哪裡，我們依此來發展，就可以從一個小格局的企業成長擴大成世界級的企業。

　　換言之，我們不要覺得只有大企業才能變成世界級企業，中小微型企業都不可能。要知道，大企業也是從中小微型企業起家，因此我們不要妄自菲薄。

　　再者，我們也不要覺得我們的行業很特別，策略地圖不適用。策略地圖是適用於任何產業行業，不管是製造業、買賣業或零售流通服務業，都可以運用策略地圖，成長擴大成世界級企業。

　　聯聖企管開辦的策略地圖實作班就有一個很好的案

例。這個案例是台南一家做不鏽鋼的公司，當時來上課時，年營業額只有 20 幾億元，後來能成長到 100 多億元，靠的就是策略地圖。

他們當時在建構策略地圖時，非常保守，設定 5 年後要做到 50 億元就很滿意了。我於是引導他們：「你們一定有機會破百億！」他們當時覺得光是 20 億元的業績就花了 20 多年的時間才做到，因此 5 年後要破百億是不可能的。結果我引導他們，讓他們用對方法去做，現在他們已經做到破百億，準備要上市了。

可見，策略地圖讓我們的未來不是夢。換言之，有夢最美，但是築夢要踏實，策略地圖就是在做築夢的動作，當築夢踏實，夢想就會成真。若是只會作夢，不會築夢，夢想就不會成真。

正如很多人小時候的夢想都是要當總統，但是總統只有一個，因此要當總統，就要先做好人生目標的規劃，再根據規劃，按部就班地打造自己有當上總統的能力，最終才有可能實現當總統的夢想。

這也可見，個人的人生目標規劃就等同於企業的策略地圖規劃。當我們有人生目標，並做好規劃，落實執行，我們的人生就會活得非常踏實，不會虛度。當企業

有願景目標，並做好策略地圖的規劃，同時，整個組織團隊對這個願景目標與策略地圖，都有共同的認知與共識，願意共同打拚、共襄盛舉，整個企業的發展即便遇到不可控制因素，也能心裡篤定地往目標邁進，不會慌亂，更不會偏離正軌。

**2**
Chapter

擁抱國際
運用核心價值國際化

# 經營策略的導用認知

　　企業經營一定要永續。若是只會以狹隘的眼光、保守的態度守在台灣做生意、守在台灣做代工、守在台灣做內銷，就會愈做愈辛苦。

　　因為根據國發會推估，台灣現在的人口數約有 2300 萬人，但是隨著人口結構的高齡化與少子化，人口自 2020 年開始負成長，再過 50 年之後的 2070 年，台灣的人口數可能會減少到只剩下 1700 萬人，而人口數大幅減少，消費力就會相對地大幅降低。

　　若以製造業觀之，台灣過去的中小微型企業多半都是以代工基礎起家，靠接單生產（接到訂單才開始生產）維生，如此就會受制於人，為人作嫁，沒有自我，導致整個發展過程上難以做大，只能小小的做。

　　小小的做，就會愈做愈小、愈做愈辛苦，因為現在的市場競爭是「我不犯人，人犯我」，我不跨境出去瓜分

別人的市場，別人也會跨境進來瓜分我的市場，因此如何突破守在台灣做代工、做內銷導致愈做愈小、愈做愈辛苦的困境？

一言以蔽之，就是運用我們企業的核心價值來進行國際化的布局。

核心價值就意指企業獨有的技術、技能、品牌、通路、經營能力、創新創意等。

核心價值應用在產業上，最容易展現出來的就是交期短，快速供貨，讓企業快速從 Nobody 變成全球業界前三大或國際化。而要交期短、快速供貨，關鍵不在我們有沒有這樣的技術，而在我們有沒有這樣的客戶服務認知。當我們有這樣的客戶服務認知，為了滿足客戶需求，就會想方設法透過在地化、就地生產、就地供貨，或把貨拉到客戶端附近的發貨倉來就近供貨，藉此達到交期短、快速供貨的目的。

核心價值如何建構？不是單靠老闆一個人獨斷獨行。若是單靠老闆一個人獨斷獨行，建構出來的只是經驗價值，而不是核心價值。核心價值需要老闆帶著身邊重要左右手，靜下心來共同研討與建構。

當我們有建構我們企業的核心價值，並運用我們企業的核心價值來創造與別人不一樣的差異化、獨特化，就代表我們擁有不可被取代的競爭優勢，不再是為人作嫁，沒有自我。當我們有建構我們企業的核心價值，並運用我們企業的核心價值來跨境經營，不再守在台灣這塊蕞爾之地，我們企業的未來就會海闊天空。

　　過去 40 年的時間，我們可以看到很多做代工的企業紛紛離開台灣，往東協、中國發展。 1980 年代至 1990 年代初期，主要是往東協發展。 1990 年以後，鑒於南進東協會有語言溝通隔閡、文化差異、環境適應等問題要克服，但西進中國沒有，製造成本也低，台灣很多中小微型企業就帶著資金、技術與人力，投入中國。

　　這也是為什麼中國後來能成為世界工廠，然後靠世界工廠，一躍成為世界第二大經濟強權的關鍵所在。當然，中國經濟會起飛，除靠台商的支持外，也靠美國帶著它以開發中國家的身分加入 WTO（世界貿易組織），讓它得以憑藉 WTO 給的優惠待遇，挾著大量低廉的商品橫掃全世界。

　　然而，隨著中國經濟起飛，不再具有低成本優勢，國家政策又轉向，開始排斥台商與外商，投資環境不再

像過去那樣那麼方便，再加上美國對中國設限與圍剿，就使得中國在整個經濟、產業發展上每況愈下，經濟成長率從過去的動輒兩位數高成長，快速回落到現在的「保三」、「保五」保衛戰。

因此，在中國有事業的企業，無論是把中國視為工廠或視為市場，都要靜下心來，站在企業永續經營的角度來思考，我們企業的核心價值是什麼？我們企業的下一步路該怎麼走？我們如何發揮我們企業的核心價值來做國際布局的規劃與國際化的發展，讓我們能在全世界各地落地生根、發揚光大？

換言之，當我們的企業遇到成長有限的障礙時，我們就應該靜下心來思考如何突破這個障礙。如何突破這個障礙？運用我們企業的核心價值來擁抱國際是必然。

這其實也是我 40 多年來不斷對企業經營者與管理者大聲疾呼的。我在我主持與輔導的企業也是這麼落實，因此這些企業都能獲得很大的效益價值。

國際化一詞很早就被廣泛使用，只是過去國際化的概念是把生產基地放在台灣，再從台灣銷售全世界，或把生產基地放在中國，再從中國銷售全世界。

現在國際化的概念則與過去大相逕庭，現在國際化的概念是「去全球化」。因為 2020 年 COVID-19 引起全球大流行，導致全球各國進入對內封城、對外鎖國的狀態。全球各國一封城、鎖國，全球物流鏈就斷鏈，全球供應鏈也跟著斷鏈。這就讓愈來愈多做國際貿易的企業開始靜下心來思考：「我們難道還要繼續堅持全球化國際貿易的產銷國際分工嗎？」所以「去全球化」一詞就應運而生。

　　緊接著美國發現中國崛起已對它構成威脅，而中國之所以能快速崛起，對它構成威脅，主要是因為中國竊取了美國等西方國家的尖端科技與科研技術，因此美國開始改變立場，不再像過去一樣力挺中國，而是轉而開始提防與圍堵中國，這就又促使「去中國化」一詞應運而生。

　　當「去全球化」與「去中國化」成為全球供應鏈的主流，企業經營要永續，在國際布局的規劃就要在地化。因為 COVID-19 疫情與美中對立的推波助瀾，全球產業鏈轉向區域經濟發展模式的態勢愈來愈明顯。

　　目前全世界各大地區都有區域經濟體的存在，諸如歐洲有歐盟，亞洲有東協，亞太地區有中國主導的

RCEP（區域全面經濟夥伴協定）與日本主導的 CPTPP（跨太平洋夥伴全面進步協定）。

這些地區之所以開始有區域合縱聯盟的運作，主要是為了暢通區域經濟體內的產業鏈。可惜的是，台灣不能加入，淪為國際孤兒，因此台灣的企業更要重視區域經濟體的國際布局，不能坐以待斃。

台灣所有企業，不論是製造業、買賣業或零售流通業，都必須了解，東協現在是全世界重要的生產基地與市場，緊接著慢慢崛起的就是南亞，光是南亞的印度，現在的人口數就已超越中國，成為全球人口數最多的國家，若再加上巴基斯坦，孟加拉等國，光一個南亞的人口數就占了全球人口數的約四分之一，可見南亞具有人口紅利優勢，是一個消費力很強的地區。

很多人都認為東協與南亞的人均所得低，國家很落後，但要注意，它們有的是人口紅利，它們的年輕人雖然所得不高，但是很敢花錢，他們是賺多少花多少，消費力很強，不像我們台灣人喜歡把賺到的錢存起來。根據主計總處統計，台灣儲蓄率高於 40%，這就意味著台灣人賺 100 元會存 40 元以上，如此，消費力就不強。

而東協與南亞的人均所得之所以不高，主要是因為它們都是以代工生產為主，這也意味著我們若要做區域經濟體的國際布局，東協與南亞是首選，不需要捨近求遠。我們不僅可以把東協與南亞視為生產基地來經營，也可以把東協與南亞視為市場來經營。當我們願意如此積極擁抱國際，未來就會海闊天空。

個 案 解 析

# 六角國際
## 以日出茶太揚名國際

### ◆ 公司經營理念

品質第一，顧客滿意，創新融合

### ◆ 公司願景目標

致力成為國際餐飲品牌平台，將東方美食推廣至地球的每一個角落，成為世界級的餐飲領導品牌。

### ◆ 公司發展沿革

| 年份 | 重要大事紀 |
|---|---|
| 2004 | 六角國際事業股份有限公司成立於新竹竹北，推出La Kaffa 六角咖啡品牌。 |
| 2005 | 成立「Chatime 日出茶太」。 |

| 2007 | 成立「ZenQ 仙Q 冰菓室」。 |
|------|------------------------------|
| 2008 | 日出茶太進軍中國,成立上海辦公室。首次進軍國際,卻遭逢阻礙,燒掉大筆資金。吸取教訓,重新設立代理授權模式,嚴格控管原物料、機器設備。 |
| 2009 | 日出茶太再度進軍國際,進駐香港與澳洲。<br>仙Q 進駐澳門。 |
| 2010 | 日出茶太開拓東南亞市場,進駐越南、馬來西亞、菲律賓。全球展店數突破300 家。 |
| 2011 | 日出茶太進駐新加坡、印尼、加拿大,併購澳洲代理商 Infinity Pty。<br>仙Q 進駐新加坡、馬來西亞、澳洲。 |
| 2012 | 國際性策略投資人入股,股票公開發行。<br>日出茶太進駐杜拜、韓國、泰國、英國,達成橫跨四大洲里程碑。 |
| 2013 | 日出茶太進駐柬埔寨、日本、巴基斯坦、緬甸、紐約、關島。<br>成立香港子公司。<br>仙Q 與印尼長友集團簽定總代理後,於印尼展店至100 家。 |
| 2014 | 成立美國子公司。<br>代理日本「杏子日式豬排」。<br>跨足烘焙業,成立「Bake Code 烘焙密碼」。<br>日出茶太進駐南半球的紐西蘭、斐濟。<br>仙Q 進駐加拿大多倫多、越南、印尼。 |
| 2015 | 股票掛牌上櫃。<br>烘焙密碼進駐美國、加拿大、印尼、馬來西亞、菲律賓。<br>跨足消費性產業,推出三合一可回沖式奶茶包。 |

| 2016 | 成立子公司「王座國際」，將餐飲管理分流，六角國際負責飲料與烘焙品牌，王座國際負責餐食品牌。<br>代理「段純貞」牛肉麵。 |
| 2017 | 代理「大阪王將」煎餃。<br>併購新竹名店「春上布丁蛋糕」。<br>段純貞進駐中國。 |
| 2018 | 併購中國杭州瑞里餐飲集團。<br>日出茶太於法國羅浮宮開店，成為首家在法國巴黎羅浮宮開店的亞洲品牌。<br>進軍火鍋市場，成立「初念」個人鍋專賣。<br>代理「京都勝牛」日式炸牛排。 |
| 2020 | 併購天恩粉圓，旨在進行上游垂直整合。<br>以OMO為概念，建立「六角雲美食通」線上購物平台。<br>開設日出茶太iChatime智能店。 |
| 2021 | 日出茶太進駐瑞士、瑞典、芬蘭、愛爾蘭、東帝汶、保加利亞、埃及、尼泊爾、伊拉克、民主剛果、沙烏地阿拉伯、帛琉。 |

## ◆ 公司經營重點變化

六角國際是從竹北的日出茶太發跡，由王耀輝夫妻倆及其友人合夥創立。一開始是跟風（星巴克、壹咖啡帶起的咖啡風潮）開起外帶咖啡店，後來發現茶飲市場大過咖啡市場，隔年就開出手搖茶飲店。

六角國際開手搖茶飲店時，鑒於台灣的茶飲業已蓬勃發展了30多年，市場競爭激烈，因此不像一般手搖茶

飲店只聚焦在台灣市場，而是鎖定國際市場的缺口，走出台灣。

從公司的命名即可見，王耀輝從創業之初就決定進軍國際市場、公開發行，因此後來被創投看上，有了充裕資金，就立即到上海，一口氣開了30多家直營店，結果內控出問題，現金流是負數，慘賠1億元後，就不得不認賠收攤，退回台灣。

所幸1億元的虧損並沒有擊垮王耀輝，雖然退回台灣後，在台灣經營手搖茶飲店也沒比較好，但是王耀輝仍沒有灰心喪氣，反倒是更加堅定要避開台灣這個競爭激烈的手搖茶飲紅海市場，轉戰還是藍海一片、獲利比台灣好的國際市場。

因為前車之鑑讓他發現海外展店不能自己開，要找熟悉當地的代理商合作，打入國際市場的成功率才高，因此取經麥當勞等美系餐飲業的加盟連鎖制度，重新整頓自己的經營管理模式後，他就再度進軍國際，首選香港。

同時為了讓日出茶太變成茶飲界的星巴克，他鎖定的目標客群也不只有熟悉珍奶與手搖杯的華人，還有白人及非亞裔。後來因緣際會下認識的澳洲友人想與他合

作，因此日出茶太就順勢在澳洲展店。

有了在澳洲展店的成功經驗，日出茶太就依此模式快速地在越南、馬來西亞、菲律賓、新加坡、印尼、加拿大、杜拜、韓國、泰國、英國、柬埔寨、日本、巴基斯坦、緬甸、紐約、關島、紐西蘭、斐濟等多個國家遍地開花。

其中，日出茶太到印尼展店，是與當地最大的五金與家具零售集團合作，因為該集團在印尼各島嶼有自己的連鎖體系及物流公司，因此日出茶太能以每年展店20~40家的速度快速擴大。

而六角國際的發跡品牌日出茶太是茶飲，起家品牌La Kaffa是咖啡，除茶飲與咖啡外，六角國際也先後跨足甜品、餐食、烘焙、蛋糕，2016年還把餐食事業切割出來，成立子公司王座國際來統合，並且併了中國杭州瑞里餐飲集團來直接坐擁中國市場。

此時六角國際的集團架構就多了次集團的層級，亦即六角國際之下有王座國際、中國杭州瑞里。

其中，王座國際統合的餐食品牌，不只有海外代理進來經營的日式豬排、日式煎餃、日式炸牛排，還有本土代理經營的牛肉麵。

另外，六角國際跨足甜點，併購春上布丁蛋糕，仍是把現有的經營團隊留下來，沒有立刻把他們砍光，全部換上自己的人。因為這是不智之舉，要付出慘痛代價。併下來後，六角國際就提供它的優勢資源給春上，藉此提高春上的價值，同時也挾著春上的商品進軍國際。

　　2015 年，馬來西亞代理商違約使用未經六角國際授權的原物料賣茶飲，六角國際在 2 年的溝通無效後，就果斷把他換掉。之所以沒有立刻換掉他，主要是因為立刻換掉他，會讓六角國際的營收與展店數銳減，因此六角國際是一面與他溝通，要求他改善，一面擴大其他市場，降低他的營收占比，最後在他不願改善下換掉他，損失才沒有那麼大。

　　然而，六角國際換掉他之後，他還是繼續侵權賣手搖茶飲，因此為了讓全世界知道六角國際是一家「你忠於我，我就支持你；你不忠於我，我就告死你」的公司，六角國際就快狠準地打起國際官司，最後勝訴。這也可見，企業經營要快狠準，才能維繫住自己的品牌價值。

　　綜言之，六角國際一路走來，並不算順遂，它能突破中國賠慘 1 億元、塑化劑風波、馬來西亞代理商跑料

的困境，成功往同心圓、集團化、國際化發展，就是因為它有核心價值，它懂得接納優秀團隊來借力使力，並且它的國際化不只有引進來，還有走出去，兩者相輔相成。

### ◆ 觀察評估解析

六角國際無論是一開始做的外帶咖啡，還是後來從外帶咖啡轉戰手搖茶飲，都是跟風的結果，因為看別人做得不錯，自己就跟著這麼做，但是別人這麼做，自己也跟著這麼做，大家做的都一樣，就會陷入價格廝殺戰，快速把資金燒光，因此市場競爭要勝出，不能玩同質化，要有對的經營策略與經營模式。玩同質化，不僅做不大，最後還會被紅海淹沒。

六角國際可以在創業之初就吸引到創投注資，主要是因為它有明確的願景。它把它要國際化、公開發行的願景寫在它的營運計畫書，用它的營運計畫書告訴創投，它會怎麼運作它的事業。創投評估下來，覺得它有發展潛力，可以做大，就拿出錢來投資它。若是它的願景只有眼前的台灣，它的營運計畫書只聚焦在台灣，創投就沒有興趣投資它。

六角國際會在上海慘賠 1 億元，主要是因為它在上海開直營店，一切自己來。一切自己來，費用就高；員工被我們雇用，也不會用心，我們要讓他做自己的事業，他才會用心。

再說，在中國用台灣口音做生意，早期還可以吃香喝辣，現在已經不行。這是時代變化的結果，怨不得誰。現在在中國做生意，潛規則太多，台灣人已做不了中國的生意，中國人才做得了中國的生意，因此我們若要到中國做生意，就不要自己來，要用當地人來幫我們做，要找省代、市代、區代來幫我們做，如此才做得起來。

六角國際一路走來，跌了 2 次跤：跌第一次跤時，在上海繳了 1 億元的學費；跌第二次跤時，在馬來西亞被代理商背叛。它可以從跌跤中站起來，快速做大，就是因為有核心價值扎根，懂得運用自己的核心價值來積極拓展國際市場；遇到困境，也能快狠準地轉變與轉型。

六角國際的核心價值，主要有：嚴格控制品質；生產流程標準化；賺取 IP（智慧財產權）的授權費；多品牌經營。

六角國際為了控制品質，對內就把製作流程標準

化，同時以機器設備（諸如泡茶機）取代人力作業，藉此減少製程變異，穩定品質，讓每家分店賣的茶飲喝起來的味道都一樣；對外則往上游供應源整合，因此會併購全台最大粉圓製造商，藉此建立集團的獨特配方與獨特價值。

換言之，餐飲業是紅海市場，進入障礙低，若是控制了上游原物料，下游需求者都要聽我的，我就有價值。再者，當大家都在賣珍奶，最後就是品牌在決定勝負，因此面對紅海市場，我們不需要怕競爭，只要有從產品規劃創造品牌差異與產品差異，就能在市場上立足。

再者，六角國際做國際市場，不是自己開店，而是授權給代理商開店，它收代理金、權利金、加盟金及原物料供應費，如此，它賺的都是淨收入，它的毛利就等於淨利，它的組織團隊也不需要很龐大。

另外，相較於星巴克是靠單一品牌維生，六角國際則是靠多品牌維生，因此營收能快速做大。換言之，單一品牌太單薄，多品牌才可以玩多元商品。若是單一品牌玩多元商品，市場消費者就會錯亂。正如汽車品牌賣保養品，市場消費者就會擔心保養品塗抹後會不會出問題。

再者，玩單一品牌的擴大，若是某個代理商出問題，原廠就會被骨牌效應拖垮。玩多品牌的擴大，它可以是授權給一個代理商單一品牌，而不是授權給一個代理商多個品牌，如此，當某個品牌代理商出問題，其他品牌就不會被拖垮。

不只買賣零售流通業是如此，製造業也是如此。製造商若是只靠單一品牌維生，當末端消費需求不再殷切，中間商還可以賣別的品牌來存活，製造商就存活不了，因此比起只發展單一品牌，應該發展多品牌，才不會陷入啤酒遊戲中的骨牌效應。

再者，當單一品牌發展到成熟期，要再維持擴充優勢就不容易，只有透過多品牌操作來創造第二曲線，業績與獲利才會持續成長。雖然多品牌操作下，基於不同的品牌要有不同的管理團隊，管理團隊一多，費用就拉高，但是只要費用控制合理，獲利就會漂亮。

六角國際的轉變與轉型，主要有：第一次是以連鎖總部來站穩住腳；第二次是以授權代理模式來跨足國際；第三次是發現光是跨足國際還不夠，因此開始扎根台灣，而扎根台灣的方式是代理海外品牌；第四次則是建立次集團模式。

其中，玩連鎖，成敗關鍵在連鎖總部，因此連鎖總部的功能要到位。當連鎖總部的功能有到位，末端通路交給在地人做，就不怕失控。六角國際初期可以獲利很漂亮，就是靠功能到位的連鎖總部。六角國際作為連鎖總部的價值，就在它會協助開店與協助作教育訓練。我們若要玩連鎖，就要強化這一段，才容易成功。

換言之，六角國際收的權利金不低，但是照樣有代理商來尋求合作，主要就是因為六角國際有核心價值，有一套完整的 Business Model，代理商只要把店找好、人找好，其他諸如原物料、設備、商品、人員訓練，六角國際都會全部幫代理商弄好，還會教代理商怎麼經營這家店、怎麼獲利。若是六角國際與失敗的同業一樣，只會逼代理商繳權利金，其他什麼支援協助都不給，代理商就不會想要與六角國際合作。

六角國際玩連鎖，一開始是玩直營連鎖，後來玩到慘敗，才轉向合資、加盟、授權代理。其中，對於授權代理模式，六角國際鑒於同業的失敗是賣給代理商原物料、設備與技術之後，就不再提供支援，因此六角國際就補足這一段，來建立它的優勢價值，鞏固它與代理商之間的合作關係。

六角國際跨足國際市場，是找當地財大氣粗的集團合作；跨足中國市場，則是直接併購，借力使力，白話之就是我入主，你幫我拓展市場；我出錢，你賺錢給我。而六角國際直接併購杭州瑞里的上千家分店，不僅快速坐擁中國市場，也直逼全球最大茶飲連鎖 CoCo 都可的地位。

我與六角國際的緣分來自六角國際的多品牌經營。六角國際的多品牌經營不只有自有品牌，還有代理品牌；不只有走出去，還有引進來。因為它在打造一個可以提供給全球代理商什麼樣的 Benefit 的品牌平台，因此可以玩多品牌操作。只是玩到後來，淨利率不增反減，因此找我諮詢，我給的對策就是變成次集團。因為當所有品牌都由一個總集團來控制，所有品牌的發展就會大同小異，唯有拆成次集團來運作，所有品牌的發展才會變得不一樣。

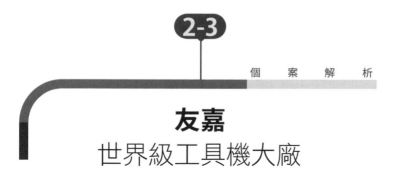

個　案　解　析

# 友嘉
## 世界級工具機大廠

### ◆ 公司經營理念

誠信負責，永續經營

### ◆ 公司願景目標

品牌行銷 FFG 放眼全球，從併購到整合，打造友嘉多元事業及品牌，邁向工具機世界第一。

### ◆ 公司發展沿革

| 年份 | 重要大事紀 |
|------|-----------|
| 1979 | 友嘉實業股份有限公司成立，以代理日本神戶製鋼建設機械為主要業務。 |
| 1984 | 併購連豐、遠洲等機械廠，進入工具機銷售與附件製造。 |
| 1985 | 工具機事業部成立。 |

| | |
|---|---|
| 1986 | 與日本最大壓鑄廠良明株式會社合資在台成立良友精工股份有限公司,生產門弓器等建築五金。<br>研發完成國內第一台動柱式綜合切削中心機。 |
| 1988 | 與世界最大軸承製造廠瑞典SKFMEKAN合資在台成立友迦工業股份有限公司,生產軸承座、傳動元件等產品。 |
| 1989 | 與日本最大塗裝機製造廠岩田株式會社合資在台成立台灣岩田塗裝機股份有限公司。<br>與S.K.F.MEKAN合資在泰國成立友嘉(泰國)股份有限公司,生產軸承座等產品。<br>轉型為CNC工具機專業製造廠。 |
| 1990 | 友嘉大樓落成。 |
| 1991 | 工具機新廠、資訊新廠、泰國新廠落成暨台中辦公大樓竣工。<br>透過日本茶谷商社銷售第1台機床到中國大陸。 |
| 1992 | 成立電梯事業部,生產銷售電梯及停車場設備。 |
| 1993 | 參與工研院機械所「FMS實驗室設置」計畫。<br>在中國浙江成立杭州友佳精密機械公司。 |
| 1994 | 榮獲台灣精品獎、第二屆國家產品形象金質獎,也是機械業唯一獲此項殊榮的企業。 |
| 1997 | 主導性新產品「FMS彈性製造系統」成果發表。<br>杭州友佳成立工具機製造事業部及停車設備部事業部,以銷售CNC工具機及停車設備。 |
| 1999 | 經濟部委託執行民間科技專案「複合曲面加工技術」。 |
| 2000 | 成立工具機事業部二廠(大甲幼獅廠)。<br>主導性新產品「輕合金高速銑削專用工具機」成果發表。 |
| 2001 | 杭州友佳正式投產。<br>杭州友佳興建杭州蕭山開發區生產基地的第二期工程。<br>轉投資成立友嘉全球航太(股)公司。 |

| | |
|---|---|
| 2002 | 杭州友佳擴展叉車的生產基地。 |
| 2003 | 完成整套FMS彈性製造系統，供中國大陸大學教學使用。<br>完成杭州蕭山開發區生產基地的第三期工程。 |
| 2004 | 完成杭州蕭山開發區第四期建築工程的生產基地。<br>下沙開發區成立杭州友高精密機械有限公司，下沙廠區面積廣達266畝。 |
| 2006 | 杭州友佳精密機械有限公司在香港上市。 |
| 2007 | 調整生產及轉移叉車業務之生產線至下沙開發區的生產基地。<br>完成杭州下沙開發區生產基地的第二期工程。 |
| 2008 | 與杭州職業技術學院合作成立友嘉機電學院。 |
| 2009 | 杭州下沙的新生產基地（屬於杭州友華精密機械有限公司）之第一期建造工程完工，主力生產龍門加工中心。 |
| 2011 | 友嘉集團全力搶進綠能產業，鎖定太陽能及LED照明等相關產品，新設友晁能源、友嘉綠能等4家公司，旗下關係企業總家數達到45家。 |
| 2013 | 友嘉集團併購德國5家工具機廠、1家俄羅斯系統整合公司，係近年全球工具機業最大併購案。透過這次併購，友嘉集團工具機事業品牌擴增至26個，全球有40個生產據點。 |
| 2015 | 台中南屯工具機廠落成。<br>友嘉機床博物館於杭州友嘉機電學院正式啟用。 |
| 2016 | 友嘉集團結合HTC Vive於美國IMTS展出虛擬工廠與生產示範線，邁向工業4.0。 |

## ◆ 公司經營重點變化

友嘉是靠工具機起家，但是友嘉創立之初，是做日本挖土機與電梯設備的進口代理，只是因為第三年遇上石油危機，業績大降，隨後又陷入資金周轉不靈的窘境，才從代理商跨入製造業，並從工具機產業出發。

友嘉創辦人朱志洋鑒於自己不懂工具機產業，也沒有工廠，為了快速跨入工具機產業，就啟動併購。友嘉早期的併購是「只要有人賣就買」，後來隨著集團壯大，就轉為專找歷史悠久的企業，審慎評估對方的資源條件是否能強化友嘉的品牌與通路市場；同時不再守在台灣，而是積極布局海外生產基地。

1987 年美國對台灣工具機輸出設定配額限制，重創台灣工具機產業，包括友嘉在內。友嘉在深陷困境下，力拼轉變與轉型，開始多角化經營，不僅以併購的方式從工具機產業跨足高科技產業，也找國外企業合資，藉此提升工具機本業的技術價值，同時還透過併購國外企業，利用國外企業既有的團隊、品牌、通路，快速進入當地市場，因此能從創立之初年營業額不到百萬元的小工具機廠，快速成就全球第三大工具機廠的霸業。

#### ◆ 觀察評估解析

友嘉創立於 1979 年，創辦人朱志洋在創業之初，事業發展就是小小的做。當時我正在主持一家資訊產業公司，朱志洋與我們公司的董事長認識，因為有了這個機緣，他就來問我：「如何讓公司快速發展？」

當時因為我讓我主持的公司快速翻轉，成為全球第二大電腦滑鼠廠，所以他就很好奇，也很有心的來拜訪我們公司的董事長，同時也問我要如何做。

而俗話說：「天下無難事，只怕有心人。」當時我和他聊天，在談話過程中就提點他，雖然公司是做工具機起家，但是不要在意公司規模很小；若是在意公司規模很小，一直做著工具機的代工，就會永遠只能守在台灣，為人作嫁；應該發展自己的品牌，有自己的產品設計。

我的提點讓他有所領悟，開始轉變。最關鍵的轉變在友嘉的生產基地不只設在台灣，更在全世界各地布局，全世界各地都有友嘉的生產基地，友嘉也藉此就近供貨，因此能快速交貨，同時運用它的品牌行銷全世界，因此能在短短 30 幾年時間，從一家小微企業變成一個全球第三大工具機集團。

當然，我們也要知道，台灣做工具機的企業太多了，台灣工具機的大本營就坐落在中部地區，其中，友嘉能快速成長上來，它的同業卻還守在原地做代工，就是因為不懂國際布局的重要性。友嘉因為懂得國際布局，懂得運用自己的核心價值來發揚光大，因此能快速做大。

　　友嘉也運用合資與併購的方式來讓它快速成為全球第三大工具機集團。友嘉合資與併購的企業遍及日本、美國、義大利、德國、瑞士、韓國、中國、俄羅斯、印度。友嘉對於併購下來的企業，並沒有派自己的人去接管，用的 CEO 還是原本的 CEO，用的員工也絕大多數都是當地人。這就是國際布局的運用。

　　台灣有很多企業在整個事業發展過程上總是喜歡家天下，家天下就是不論事業怎麼發展，都要用自己的人，但是其實我們只要仔細想一下就會知道，事業要發展、壯大，怎麼可能只用自己的人？只用自己的人來做國際布局，光是語言溝通、文化適應就是一個大問題，因此企業要做國際布局，絕不能家天下，應該在人才、品牌、技術上不斷創新，以及在經營上不斷變革。

正如台灣很多大企業集團，諸如中信集團、新光集團，它們都有在特意培養它們的二代，將它們的二代安排到日本、美國念書，所以這些二代很多都會講日語、英語，這就是國際級人才應有的特質，這也是企業應有的核心價值。

台灣很多中小微型企業都會認為自己沒有那個能力，其實這不是有沒有能力的問題，而是有沒有心思的問題。友嘉就是因為有心，懂得併購當地企業、將產業鏈拉到當地、就近供貨、用當地團隊經營當地企業，因此能在國際布局上無往不利。

# 優派國際
## 全球視訊領導品牌

◆ **公司經營理念**

　　秉持對視訊科技的專業堅持，持續創新，了解市場需求，並透過客製視訊解決方案帶領客戶與世界接軌，使 ViewSonic 成為 IT 領域中最受消費者信賴的領導品牌之一。

◆ **公司願景目標**

　　啟發世界看見平凡與不凡的差異；為工作、娛樂與教育學習提供全方位的視訊解決方案。

◆ **公司發展沿革**

| 年份 | 重要大事紀 |
|------|-----------|
| 1987 | 於美國加州創立。 |

| 1990 | 推出ViewSonic 品牌顯示器，以卓越性能及合理價格在全球締造銷售佳績。 |
|------|------|
| 1998 | 成為全美最大的顯示器品牌。 |
| 2017 | 推出 ELITE 電競顯示器。<br>新增智慧互動電子白板ViewBoard 產品線，成功打入教育和商用市場。 |
| 2018 | 發布ColorPro 專業顯示器解決方案。 |
| 2020 | 成為全球第二大及歐洲第一大LED 投影機品牌。<br>推出領先業界的M1/M1+ 可攜式投影機與M1 mini/M1 mini Plus 口袋投影機，連續3 年榮獲德國iF 設計大獎肯定。<br>推出All-in-One LED 顯示器，進軍高端商用顯示市場。 |
| 2021 | 躍升全球第一大品牌。 |

## ◆ 公司經營重點變化

優派國際是在 1990 年搭上個人電腦興起的熱潮，推出 ViewSonic 顯示器，而發展上來。

因為早期市場消費者普遍會選擇有名的顯示器品牌，因此品質好的 ViewSonic 非常吃香，但是 2000 年之後，科技潮流開始出現以輕薄為主的 LCD 顯示器，優派國際就受到打擊。

後來優派國際重視消費者需求，將品牌與生產面分開，從品牌端切入，先了解市場要什麼、目前缺口有

哪些，再回頭找品質與價格都有競爭力的工廠代工，同時，從單純的硬體產品擴及軟體及服務項目，致力成為視訊解決方案的供應商，因此能在全球市場占有一席之地。

◆ **觀察評估解析**

優派國際就是 ViewSonic，我在 1995 年至 1997 年是優派國際的總經理，ViewSonic 原本是台灣的品牌，我將它包裝成美國的品牌，並經營成國際級的品牌，因此很多人都誤以為 ViewSonic 是美國公司。

我主持優派國際時，優派國際還是一家小小的貿易公司，我如何將它轉型成一家國際級電腦 Monitor 公司？靠的就是品牌和通路。優派國際的核心價值就是品牌和通路。

就品牌而言，我們的品牌定位明確，當時我們把 ViewSonic 定位為中高檔品牌。因為品牌定位明確，因此我們賣的電腦 Monitor 沒有一台是我們自己做，我們是外包給日本的代工廠做，我們貼牌，而且我們還賣得比我們的代工廠貴，也賣得比我們的競品 Dell、HP、TOSHIBA 貴。當然，我們也賣得比宏碁、華碩貴，不

過，因為我們一直專注做電腦 Monitor，與宏碁、華碩的品牌定位劃分明確，因此我們能在市場上占有一席地位。

就通路而言，我們是運用就近供貨、快速供貨的優勢來快速滲透全世界的市場。換言之，我們在全世界租了 18 個保稅發貨倉（Bonded Warehouse），然後把貨拉到客戶端附近的保稅發貨倉來等著客戶下單，就近供貨。

而要這麼操作，前提是要有自有品牌。因為自有品牌是標準品，可以計畫性生產之後就拉到保稅發貨倉備貨。若是接單生產，就無法這麼操作。

對於保稅發貨倉，我們不是自己設，而是利用別人既有的通路，我們把貨拉過去就好。當我們把貨拉到保稅發貨倉備貨，接著我就訓練我們的業務團隊直接與區域經銷商接洽，問他：「現在跟誰買？交期要多久？MOQ（最少訂購量）要多少？」

當他回：「交期要 45 天，MOQ 要一個 40 呎貨櫃量。」

我們的業務團隊就回他：「可憐喔！」引發他的好奇心追問：「為什麼？」

當他問為什麼？我們的業務團隊就可以向他分析：「你跟別人買，要等 45 天才能收到貨；跟我們買，只要 2 天就能收到貨。」「你跟別人買，要買一個 40 呎貨櫃量那麼多，他才會出貨；跟我們買，只要 2 PCS，我們就出貨。」「你跟別人買，要自己備庫存；跟我們買，就不必備庫存，我們備庫存來支持你。」

換言之，我們交期快，少量就出貨，也不逼經銷商吃量，還幫經銷商備庫存，因此能在短短 6 個月內橫掃歐洲市場 40% 以上的市占率。

這也可見，價格不是問題，客戶感受很好才是關鍵。再者，產業鏈＝供應鏈 × 通路鏈，誰能掌握供應鏈、布建通路鏈，誰就能贏得天下。

我們不需要談得太遠，光看今天的統一集團，就是靠通路上來的。統一過去只做食品，1978 年成立統一超商，開始布建通路，就在 1980 年之後大放異彩，並成為台灣零售通路的老大。

可見，台灣的中小企業若有不錯的產品，也有不錯的品牌知名度，就要強化通路的布建，並且對於通路的布建，不能守在台灣，要做國際布局。試想一下，若是

只做台灣市場，小小的台灣，人口數才 2300 萬人，相較之下，全球人口數是 80 億人，雖然 80 億人不是全部都是有錢人，但是若是只取 1/3 來看，也有 24 億人是中產階級以上的消費者，比 2300 萬人還多了 100 倍，這就可以讓我們賣出 100 倍的量，因此何樂而不為？

綜言之，優派國際不是製造業，優派國際賣的電腦 Monitor 都不是自己做的，但可以在全世界發光發亮，就是運用「品牌」與「就近供貨」這兩個核心價值，創造競爭優勢，而得以成為電腦 Monitor 的代表品牌。

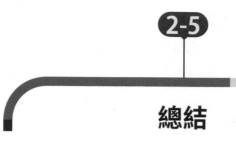

# 總結

現在我們知道，核心價值是不可被取代的技術、技能、品牌、通路、商品價值等。若要擁抱國際，組織團隊就要有國際化人才。而國際化人才，都要具備國際化的人格特質。國際化的人格特質，包含具有國際觀、語言能力強，以及對全世界各地的市場差異都有充分了解，如此才知道如何運用全世界各地的資源進行整合、互補，創造我們的優勢價值。

國際化的人格特質，以我個人為例，首先，我會講多國語言，我主持過來自美國、英國、法國、德國、瑞典的外商企業，這些國家的語言，我都會說。再者，我跑過全世界 116 個國家、500 多個城市，對於全世界各地的消費習慣與市場差異都很清楚，因此我能了解每個國家的優勢與劣勢，從而知道如何運用整併的方式來快速做大企業。

這是有與國際接軌的心態。國際化的人格特質，很

重要的一點就是要有與國際連結的能力。若是只會像井底之蛙一樣坐井觀天地做國內市場，就會在小鼻子、小眼睛、小格局下作繭自縛。若是能讓自己具備國際化的人格特質，勇於跳出井外看一看，就會發現其實外面的世界與自己想像的不一樣，處處都是機會，生意做不完。

而要具備國際化的人格特質，首先要強化語言能力的訓練，讓自己具備第二外國語能力，乃至多國語言能力。再者，要非常了解自己的產業，以及全世界各個重要地區國家的產業差異，如此才知道如何將之整合在一起，產生綜效。此外，還要經常到國外參展、看展，如此才會真正知道市場的異同在哪裡。

當然，企業要國際化，不一定要用外國人，雖然用不同國籍的人較容易國際化，但是我們自身國際化人格特質的培養也是必要，所以我常常強調，企業經營不能只會埋頭苦幹，埋頭苦幹就會陷在井蛙之見，應該抬頭巧幹，多與國際接軌，多了解國際市場，再依此思考我們的核心價值如何應用在國際市場的拓展上，我們的企業才會愈做愈大。

本章分享的 3 個個案都是因為有這樣的國際宏觀，比同業早一步做國際布局，因此能快速地在全世界發光發亮。

除本章分享的 3 個個案外，台灣有這樣的國際宏觀
而提前卡位布局的企業其實不少，諸如 85°C 早期在台
灣很風光，後來不敵連鎖咖啡品牌與超商平價咖啡的威
脅，轉戰中國與美國，反而在美國獲利很好。八方雲集
也是在中國鎩羽而歸後，轉戰美國而大放異彩。

台灣的餐飲品牌，從手搖茶飲、咖啡、甜品、小
籠包到鍋貼，都陸續到海外展店，並且交出漂亮的成績
單，可見國際布局的必要性。可惜的是，太多的中小微
型企業仍固守在傳統的慣性思維，只會埋頭苦幹地做內
銷，或只會仗著自己的專業技術做代工。然而，純做內
銷，台灣市場會愈來愈萎縮，沒有未來；純做代工，客
戶會隨時轉單，也沒有未來。

不要拿「我們公司很小，無法國際化」當藉口，
中小微型企業沒有不好，很多大企業都是從小做大的，
鴻海就是範例。也不要拿「我們公司行業很特別，無法
國際化」當藉口，珍珠奶茶、小籠包都可以國際化了，
更遑論其他行業。我們應該把心思花在打造我們企業的
核心價值，培養建立具有國際化人格特質的國際布局團
隊，將我們企業的核心價值應用在國際市場的拓展上，
我們的企業才能愈做愈大。

**3**
Chapter

倍增效益

運用同心圓倍增績效

# 經營策略的導用認知

　　以企業永續發展觀之，本業是根本，是圓心。任何企業都會發展自己的本業，並根據本業來延伸其他的周邊商品或服務。

　　不過，台灣有非常多的企業在本業上做得不錯，也很賺錢，但就只守在本業。

　　只守在本業，其實是做不大的。因為台灣多數企業的經營模式都是保守做法、職人模式，沒有運用新的經營模式。再加上台灣多數企業的經營模式都是家長式領導、集權管理，只會用自己最熟悉的人，或傳給自己的家人，忽略了優秀的人員和團隊，因此企業的規模始終無法擴大。

　　換言之，只守在本業，不代表沒有賺錢；只守在本業，只要用心經營，都會賺錢，只是再怎麼用心經營，業績成長率或淨利成長率最多只有 20%。這也是台灣有

161 萬家企業，結果 159 萬家企業都是中小微型企業，占比達 98% 以上的主因。

因為我看到這個現象，因此在我主持企業或輔導企業的過程上，我就會引導企業全力導用我的同心圓理論。

我的同心圓理論是分成內、中、外 3 個圓。

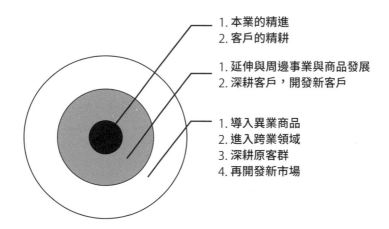

1. 本業的精進
2. 客戶的精耕

1. 延伸與周邊事業與商品發展
2. 深耕客戶，開發新客戶

1. 導入異業商品
2. 進入跨業領域
3. 深耕原客群
4. 再開發新市場

同心圓的第一個圓（圓心）是我們本業的現有產品。對於現有產品，我們要不斷進行產品創新，規劃產品的發展策略是什麼。

因為未來的企業成敗關鍵在品牌價值、通路優勢、C2B（Consumer to Business）的商品開發，而不是自主研

發。自主研發的技術可以交給專業做，可以產學合作。產學合作下，我們只要給一次錢，就可以把成果連同團隊一起買進來，比自己養團隊自主研發還快。

再者，決定商品好壞的直接因素不在技術，而在技術的應用。技術的應用屬於行銷的運作。這意味著過度專業會陷入死胡同，變成井底之蛙，必須與科技整合在一起，才有價值。

同心圓的第二個圓是我們本業的現有產品開始往外擴充，亦即我們要把我們本業的周邊與延伸加進來，完成我們的產業鏈。再者，我們也要建立可以滿足客戶所有需求、讓客戶可以一次購足的服務平台。不能告訴客戶：「我只能做這個。」若是如此，就等於把客戶的訂單推給別人做。

同心圓的第三個圓是跨入異業，把異業加進來，完成我們的產業生態鏈。而要跨入異業，就要勇於嘗新。若是排斥、拒絕嘗新，就會陷入死胡同，無法創新。這需要轉念。唯有轉念了，才會轉變；唯有轉變了，才會轉型。

再者，要跨入異業，把異業加進來，不一定要從無到有地自己來，可以運用併購或策略聯盟，速度會更快。

　　當我們導入同心圓的 3 個圓，就要有複合式經營來支撐。複合式經營就是只要是客戶要的，我們什麼都可以賣。當我們什麼都賣，別人就會自動靠攏。當我們只玩獨特，就要靠攏別人。

　　再者，只要是客戶要的，我們只要引進來就好，不需要自己做。

　　因為若要自己做，就要買土地，蓋廠房，買設備，養一堆作業員來凌虐自己，不僅投資金額龐大，隨著勞動人口愈來愈少，愈來愈多年輕世代不想受雇於製造業，也不想受雇於服務業，只想自己創業，我們就會一直深陷在缺人找不到人的困擾中。

　　而要運用同心圓理論來達到績效倍增的方式是：第一個圓（圓心）要精進本業、精耕客戶。第二個圓要往本業的延伸與周邊發展，在深耕舊客戶（第一個圓的客戶）之餘，也開發新客戶。第三個圓要跨業進入異業，在深耕舊客戶（第一個圓與第二個圓的客戶）之餘，也開發新客戶。

　　換言之，績效倍增的同心圓模式是站在 C2B 的立場，而不是站在 B2B（Business to Business）或 B2C（Business to Consumer）的立場。

站在 C2B 的立場，現有客戶買我的產品，只占他的需求的 10%，我的本業只做他的需求的 10%，他的需求的其他 90%，我沒有做，不代表我不能服務他。

若是站在 B2B 或 B2C 的立場，就會認為他的需求的其他 90% 不是我的本業，所以我不做，如此，他就會跟別人買，生意就是別人的。

若是站在 C2B 的立場，就會思考既然他需要，我就提供周邊與延伸的服務，從其他地方找他要的商品來讓他一次購足。若是他跟別人買 10 元，我為了服務他，就賣他 9.5 元，如此，鑒於我賣得比別人便宜，他就會在買我的商品的同時，順便跟我買它的周邊與延伸商品，如此，生意就是我的。

而我賣這些周邊與延伸商品是尬貨賣，用的是同樣的業務團隊，不需要增加固定費用的人事費用，只需要增加變動費用的業務獎金與運費，因此它的毛利就等於淨利，我有賣就是多賺。

再者，我賣這些周邊與延伸商品，就多了新的產品線，再把這條新的產品線用來開發新市場，就多了新市場的新客戶。這個新市場的新客戶不同於我本業的客戶，我就還可以把我本業的產品賣給這個新市場的新客

戶。

當然，客戶需求的其他 90% 中，未必都是與我的本業相關，可能只有 30% 是與我的本業相關，另有 60% 是與我的本業無關。站在 C2B 的立場，我若要做好那 30% 與我本業相關的服務，我就要整合產業鏈；我若要做好那 60% 與我本業無關的服務，我就要跨入異業的產業鏈。本業的產業鏈與異業的產業鏈整合起來，就稱產業生態鏈。

同理，我賣異業的商品也是尬貨賣，因此有賣就是多賺，同時也多了新的產品線。我再把這條新的產品線用來開發新市場，就多了新市場的新客戶。換言之，這條新的產品線不只可以用來服務我本業的客戶及與我本業相關的客戶，還可以用來服務與我本業無關的客戶。

因為這個新市場的新客戶不同於我本業的客戶，也不同於與我本業相關的客戶，因此我就還可以把我本業的產品及與我本業相關的周邊與延伸商品賣給這個新市場的新客戶。

簡言之，新商品會有新客戶。同心圓模式就是當我們發展出同心圓的第二個圓，這個第二個圓的新商品既可以賣給第一個圓的舊客戶，也可以賣給第二個圓的新

客戶。同時，第一個圓的舊產品也可以賣給第二個圓的新客戶。

同理，當我們發展出同心圓的第三個圓，這個第三個圓的新商品既可以賣給第一個圓與第二個圓的舊客戶，也可以賣給第三個圓的新客戶。同時，第一個圓與第二個圓的舊商品也可以賣給第三個圓的新客戶。如此一來，業績要倍增就不難。

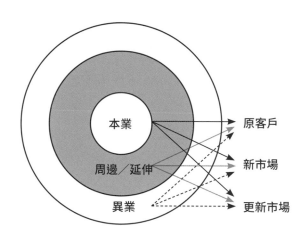

這也可見，同心圓模式其實就是集成商的概念。諸如大聯大是電子零組件的集成商，電商平台（諸如momo）也是集成商。集成商就是什麼產品都賣，核心價值在 SI（System Integration；系統整合）。

因此，同心圓理論的第一個應用就是我們要好好經

營我們本業的客戶，不是只有賣給他我們本業的商品或服務，還要站在服務客戶、讓客戶滿意的立場來了解我們客戶除了需要我們本業的商品之外，還會需要什麼商品，而這個商品可能不一定是我們做的。

這個時候就會跨出第一個圓，進入第二個圓，發展出本業的周邊商品或延伸商品。

其實真的只做本業的企業，對於自己本業的周邊商品或延伸商品，都是熟悉與了解的，只是都會有本位主義，認為那不是我做的，就沒想到可以提供給客戶，也不會想要幫客戶這個忙，因此我就會鼓勵企業一定要讓商品豐富化、擴大化來服務客戶。

接著，同樣是站在服務客戶、讓客戶滿意的立場來了解我們客戶除了需要我們本業的商品及我們本業的周邊商品或延伸商品之外，還會需要什麼商品，而這個商品可能不一定是我們做的。

這個時候就會跨出第二個圓，進入第三個圓，開始跨業經營。跨業經營很重要，因為任何產業的經營，到未來都會進入整合的時代；整合的時代下，就沒有單獨產業的差異，會漸漸因為科技的發展，從分離的兩個圓，變成聯集的兩個圓，再變成交集的兩個圓，最後完

全重疊在一起。

重疊就是整合的概念，所以要跨到不同的業態，其實並不難，端視我們在企業發展過程上願不願意落實去做。

若是我們只守在本業，我們企業的業績成長率就會無法突破 20%。若是我們願意跨出本業，發展第二個圓，我們就能創造 20% 至 80% 的業績成長率。若是我們願意跨出第二個圓，發展第三個圓，我們就能再創 20% 至 80% 的業績成長率。如此加總起來，翻倍的業績就不是癡人說夢。

若以行銷觀之，就稱整合銷售、組合銷售，亦即我兼著賣不是我本業的商品，只是因為客戶需要，我就順便幫客戶尋找或轉介，提供服務給客戶。

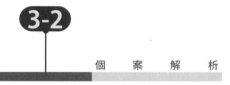

個 案 解 析

# 路易莎
## 台灣最大平價咖啡連鎖品牌

◆ **公司經營理念**

　　精品咖啡平價化

◆ **公司願景目標**

　　對於品質嚴格把關，追求品質的穩定性、一致性與可控性，斥資打造一條龍生產，期許可以成為與國際集團媲美的台灣咖啡品牌，將台灣豐富的工藝文化帶到全世界。

## ◆ 公司發展沿革

| 年份 | 重要大事紀 |
|------|-----------|
| 2006 | 創立路易莎品牌。 |
| 2007 | 第1家門市開幕－民生創始門市。 |
| 2012 | 正式對外開放加盟，全台門市共計20家。 |
| 2014 | 引進全台第一部DIEDRICH 50KG頂級烘豆機。 |
| 2015 | 第100家門市開幕－天母門市。<br>中央烘豆廠設立。<br>第1家烘豆廠概念門市開幕－精品烘豆廠門市。 |
| 2016 | 以精品咖啡館為目標，全面更新品牌識別系統。<br>第200家門市開幕－北投明德門市。<br>設立烘豆二廠。 |
| 2017 | 第1家古宅重建門市開幕－北投社直營門市。<br>第1家全方位生活門市開幕－國父紀念館門市。 |
| 2018 | 與新光集團異業合作，咖啡保險諮詢概念店開幕－新光小舖門市。<br>第1家海港旁門市開幕－高雄駁二棧貳庫。<br>第1家圖書館概念門市開幕－民權西門市。 |
| 2019 | 第1家海外門市在泰國正式開幕。<br>第1家與潤泰集團代理的日本蔦屋書店跨國合作門市開幕－南港蔦屋門市。 |
| 2021 | 烘豆廠取得ISO認證。 |

### ◆ 公司經營重點變化

路易莎咖啡（Louisa Coffee）是創辦人黃銘賢在 2006 年從一間只有 5 坪的小店開始賣外帶咖啡起家。

一路走來，路易莎遇到許多挑戰。首先是創業第二年就遇到 2008 年金融海嘯，生意受到重創。等到生意好不容易回穩了，又遇到 7-11 推出 CITY CAFE，雖然 CITY CAFE 帶動全台掀起喝咖啡浪潮，但卻搶了路易莎的生意，導致路易莎業績大降。隨後，毒澱粉、黑心油等一連串事件引發食安風暴，致使消費者誤以為路易莎咖啡使用到毒牛奶，也重創路易莎的生意。

因為路易莎在遇到困境時會趕快轉念、轉變、轉型，因此能成為席捲台灣咖啡市場的新勢力，在 2019 年展店數超越星巴克，成為台灣展店數最多的連鎖咖啡品牌。

### ◆ 觀察評估解析

路易莎早期是受到平價外帶咖啡始祖壹咖啡的啟發。

壹咖啡在 10 年前的台灣很夯，因為目標客群鎖定在上班族，主打「誰說 35 元沒有好咖啡？」的口號，讓上

班族在上班途中，買了咖啡，直接帶到公司喝，因此店內坪數小（10坪以下），沒有座位供內用，只做外帶生意。

再加上小本創業，低門檻、高回收，吸引不少白領上班族或想要再創事業第二春的中年失業、轉業者加盟，因此展店數曾經直逼星巴克，一度成為台灣本土連鎖咖啡的龍頭。

但是壹咖啡這樣的異軍突起，最後也猶如曇花一現，崛起的很快，沒落的也很快。

為什麼壹咖啡會如此快起快落？關鍵在於它沒有提供座位，導致想要坐下來喝咖啡的人需求無法被滿足。再加上便利商店憑藉通路優勢賣起平價咖啡，還加碼咖啡寄杯優惠，導致壹咖啡不敵便利商店，又有路易莎、cama（咖碼）等後起之秀來分一杯羹，壹咖啡就快速沒落。

相較於壹咖啡主打平價，路易莎與cama更強調的是平價、高品質。為了做出最好喝的平價咖啡，它們的咖啡不會用便宜的咖啡豆，而是用上等的咖啡豆。

與壹咖啡一樣，它們也是從外帶生意做起，但是看

到壹咖啡的沒落，路易莎最先有危機意識，也快速轉變與轉型。

路易莎的轉變與轉型，主要有二：第一個轉變與轉型是開始設置內用座位供來客坐下來休息、喝咖啡。

第二個轉變與轉型則是導入同心圓模式，從賣咖啡開始擴充到賣輕食、賣甜點、賣早午餐。這是一個正確的經營模式。

以同心圓模式觀之，賣咖啡是本業，提供內用座位，賣輕食、甜點、早午餐，則是跨出本業，進入同心圓第二個圓的服務。當同心圓第二個圓鞏固了，就可以跨出同心圓第二個圓，進入同心圓第三個圓的服務，諸如賣文創相關的文具用品、辦公用品、3C（電腦、手機、家電）用品。

路易莎從同心圓第一個圓到第二個圓的轉變與轉型過程中發現，這是一個機會點，業績可以擴大很多，就以這個模式奠定基礎，不斷複製出去，因此能在台灣各地快速展店，並在 2019 年超越星巴克，成為全台展店數最多的咖啡店。

路易莎可以勝出，主要是因為它結合了壹咖啡與 85 度 C 的優點，從中走出自己的一條路。

　　而路易莎由北往南發展，就不得不提由南往北發展的多那之。

　　多那之是從高雄起家，我告訴多那之的老闆，不應該只賣咖啡，應該導入同心圓模式，往複合店的型態發展。

　　多那之的老闆接受我的提點，就開啟複合店的經營，除咖啡外，也賣麵包、蛋糕、簡餐。現在已經打敗金礦，成為中南部地區咖啡連鎖的第一大，並依此發展出另一個中高檔品牌—卡啡那。

　　相較於多那之，路易莎的展店速度非常快，兩者的最大不同在於，路易莎採加盟連鎖，多那之採內部創業。內部創業是只開放給內部員工加盟，因此展店速度會比較慢一點。路易莎採加盟連鎖，只要把中央廚房建置好，複製出去即可，因此展店速度可以非常快。

　　路易莎從外帶咖啡起家，後來轉變與轉型成可以內用，成為輕食複合店，同樣是外帶咖啡起家的 cama，就因為老闆比較保守，在路易莎轉變與轉型時，仍在做外

帶，因此路易莎在短短不到 5 年的時間就超越了 cama 非常多，這也讓 cama 開始意識到，如果自己再不轉變與轉型，在市場上就容易被取代，因此 cama 現在也開始轉變轉型。

而路易莎與 cama 都在轉變與轉型，就導致沒有再精進變革的 85 度 C 愈來愈沒落。另外，被八方雲集併購的丹堤，也在八方雲集本身的專長是中式餐飲，不懂西式飲料的連鎖經營下，沒有做起來。同理，2016 年被一之鄉併購的怡客，也在一之鄉本身的專長是烘焙，不懂輕食複合店的連鎖經營下，沒有做起來。

綜言之，因為 85 度 C 止於現狀，丹堤被併購後沒有翻轉上來，怡客也沒有闖出一片天，cama 的經營又過於保守，市場就給路易莎發展空間。不過，隨著 cama 開始轉變與轉型，未來的市場誰能勝出，就值得我們繼續觀察。

# 夏馬城市生活
## 從建材跨足居家美學

◆ **公司經營理念**

　　說到夢想生活，一個人有一種想像。靈感來自日月的累積，有時候，一個觸動內心的片段就在眼光餘角出現，可是瞬間消逝，也馬上被遺忘。在夏馬城市生活，有來自世界各地的設計商品，能豐富您的居家氛圍生活，能點妝您的生活層次，讓我們一起來實現您對家的夢想。

◆ **公司願景目標**

　　引進國外 Personal Shopper 概念，獨創專業家居「夏馬管家」親自帶逛選品，採預約制，提供一對一、客製化服務，以個別量身配置整體規劃，從建材、傢俱、傢飾和空間規劃，甚至是配送、定位服務，讓消費者輕鬆打造理想的家居生活。

## ◆ 公司發展沿革

| 年份 | 重要大事紀 |
|------|-----------|
| 1975 | 建鴻興業股份有限公司成立。 |
| 1986 | 創立櫻王品牌「KINOWN」，在全台架起經銷網路。 |
| 2016 | 推出高質感居家選品店「夏馬城市生活」，成立台中旗艦館。 |
| 2019 | 成立台北內湖門市。 |
| 2005 | 自創新穎牆面裝飾材料，以「Crystal Inlay」為品牌，銷往日本、韓國、杜拜、俄羅斯、美國、歐洲、中東等市場。<br>與全球玻璃磚領導品牌「SEVES」合作，將高級玻璃磚建材導入國內市場。 |
| 2012 | 入選倫敦奧運場館指定材料。 |

## ◆ 公司經營重點變化

夏馬城市生活是一家非常年輕的公司，不過，其實它有一個母公司，就是建鴻興業。建鴻興業是彰化一家老字號建材廠，第二代陳孟吟接班後，就跨足居家事業版圖，創立夏馬城市生活，開始代理全球 20 多個國家的家具家飾生活用品。

陳孟吟接手建鴻興業之初，只承襲本業的建材事業，但因為年輕，很有自己的想法，再加上一直來上我的課程，吸收到很多新的經營模式，就在向我諮詢輔導

時提到，她覺得若是只做建材，實在是太專業了，客戶對象多偏重在營建業，而只做營建業這種 B2B（Business to Business）客戶，很難再發展擴大，因此她想了解如何更進一步拓展事業。

後來她發現不只有她自己，很多人在買房後，常常為了找家具、居家布置品四處奔波，且常常誤判家具尺寸與空間相容的問題，為了彌補這個市場缺口，也發現台灣消費者愈來愈重視居家生活美學，於是決定跨足居家事業，並接受我的引導，發展家飾產業。

家飾產業就是住家裝修完之後，所有的布置、裝飾等，諸如擺飾品、杯具的展示，統稱家飾。它是種類繁多、包羅萬象的，非常有趣。

其實如果陳孟吟接手建鴻興業之後，繼續當一個純做建材的製造業者，客戶對象就會多是營建業、建商，主要發展模式是 B2B，而這種 B2B 客戶在台灣都有固定配合的供應商，被別人做完了就沒有了，因此陳孟吟才有危機意識，意識到只做本業是不夠的，必須再拓展，後來也接受我的引導，運用同心圓理論發展家飾產品。

現在的夏馬城市生活，雖然是默默的在發展，但是台灣的裝潢設計師，沒有人不認識它，它也在台中買土

地，蓋了自己的展售大樓，且用清水模的設計，非常新穎，進到夏馬城市生活，可以感受到完全不一樣的氛圍。

這也可見，願不願意改變是關鍵。從建鴻到夏馬城市生活的發展，從二代接班到二代自己再創夏馬城市生活的品牌，然後運用多元化、多樣化的同心圓理論發展，就帶動它的本業建材，讓它發展得很好。

### ◆ 觀察評估解析

夏馬城市生活可以快速崛起，關鍵有三：一是經營者將本業建材落地生根。

二是經營者在深耕本業建材的過程中發現，台灣的建商多半都已經轉變成蓋成品屋，不再蓋毛胚屋，因為主打的是只要帶著皮箱就可以住進來，這就讓建鴻有了發展夏馬城市生活的契機。

三是夏馬城市生活在商品提供上不會搶裝潢設計的生意，因為定位清楚，因此不只有大台中地區，全台灣的設計師都認識它。據我所知，北部地區有很多設計師都會專程到夏馬城市生活看它的設計。

這也讓我們不難體會到，為什麼運用同心圓理論，業績就會翻倍成長。因為業績翻倍成長，不是靠蠻力在本業上努力，而是靠方法工具技巧，站在服務客戶的立場，提供多元化商品。夏馬城市生活正是從本業建材擴及家具、家飾產業，達到商品豐富化的目的，從而能提供一次購足（One Stop Shopping）的服務，藉此拓展事業、擴大業績。

# 昆盈企業
## 電腦周邊及消費電子領導品牌

### ◆ 公司經營理念

以「感性創意，卓越品質，熱忱服務」為企業經營之政策，以「科技創造自由自在的生活空間」的理念研發各項產品。

### ◆ 公司願景目標

創新的昆盈，全球的 Genius

### ◆ 公司發展沿革

| 年份 | 重要大事紀 |
|------|-----------|
| 1983 | 陳松永和卓世揚共同籌劃成立昆盈企業有限公司。 |
| 1985 | 正式以「Genius」品牌發布電腦滑鼠。 |
| 1988 | 變更組織為昆盈企業股份有限公司。 |

| 1989 | Genius 成為歐洲知名電腦周邊品牌。<br>以全球第一支滾輪設計的滑鼠—Power Scroll 的創新技術，榮獲國家品質形象金質獎。 |
|------|---|
| 1997 | 股票掛牌上市。 |
| 2002 | 以全球第二大滑鼠製造商轉型跨入專業無線周邊與消費性電子產品領域。 |

## ◆ 公司經營重點變化

昆盈現階段的發展或許不再像過去那樣飛黃騰達，但不可否認的是，昆盈自 1983 年創立，曾在 1989 年至 1992 年快速成長並擴大。

昆盈原先是做 PC（Personal Computer）組裝，年營業額都沒有辦法破億，因為 1986 年台灣的 PC 組裝開始盛行，但它就只是小小的做，後來發現年營業額沒有辦法破億，就捨棄 PC 組裝，開始轉變與轉型。

因為當時做 PC 組裝的人太多了，要與一堆人競爭，再加上有些 PC 組裝廠愈做愈大，因此昆盈的老闆就開始想：「我們是不是可以做周邊產品？」這就是昆盈開始轉變與轉型的契機。

昆盈就從 PC 組裝轉型做電腦的周邊產品。首先是專注於電腦滑鼠的生產與銷售，剛開始是做代工，後來

發現單純代工沒有辦法讓公司有好的利潤，就自創品牌「Genius」，並運用展會行銷，在市場上稍稍有了知名度，接著就在自有品牌與代工的雙管齊下發展下，年營業額從 1 個億跳到 4 個億。

而會買電腦滑鼠的人多是因為有了桌上型電腦而需要電腦滑鼠。如此就可推知，他們有了電腦，既然需要滑鼠，也會需要各種聲霸卡、繪圖卡、磁碟機等電腦相關周邊產品，過往他們都是找昆盈買滑鼠，找別人買其他電腦周邊產品，昆盈站在服務客戶的立場，除本業滑鼠外，連其他電腦周邊產品也賣，公司繼續運用同心圓理論發展第二個圓，結果短短 3 年多時間，年營業額就從 1 個億做到上百億，也很順利地上市。

◆ **觀察評估解析**

我常常強調，我們不應該擔心公司的規模是大或小，比起公司規模，更重要的是公司願不願意轉變與轉型，在轉變與轉型的過程上，只要將目光眼界放在如何服務客戶、滿足客戶，就會有很好的發展機會。

昆盈正是如此。 1990 年時，昆盈已經慢慢茁壯上來，不僅自有品牌發展得不錯，代工也做得不錯，在台

灣算是數一數二的電腦滑鼠廠。當時台灣的電腦滑鼠廠，我們首先會想到的是羅技，再來就是昆盈了。

而鑒於羅技和微軟（Microsoft）當時在美國發展得很好，昆盈在台灣做得不錯時，也開始想要做進美國市場。

昆盈研究美國市場時，發現美國有一家做電腦滑鼠很資深的公司稱 MSC（Mouse System Company），它在美國具有相當重要的地位，工廠位在美國加州佛利蒙（Fremont），矽谷旁邊。

既然位在矽谷旁邊，就代表工資很高，這是它可惜的地方。雖然它是全世界第一個做電腦滑鼠的廠商，但是遲遲都不賺錢，因此 1990 年昆盈看到這個機會，覺得併購它、借力使力是做進美國市場最快的方法，就結合台灣的全友電腦、環亞創投，以及新加坡的大華銀行，來共同併購它。

這是歷史上的創舉，因為台灣的小公司居然併購了全世界第一個做電腦滑鼠的公司。這也開啟昆盈在美國的知名度，讓昆盈立刻做進美國市場，帶動業績立刻翻倍成長。

　　我們可以試想一下，昆盈為什麼會賺錢？因為滑鼠在美國做，成本就高，美國做滑鼠的成本是台灣做滑鼠的成本的 3 倍。昆盈併購 MSC 之後，就由台灣做生產基地，美國做銷售基地，由台灣代工運到美國，比在美國做還便宜。

　　因此，我們一定要讓自己轉念，有轉念才會轉變與轉型。昆盈正是運用同心圓理論來轉變與轉型，讓公司不只賣電腦滑鼠，還賣其他電腦周邊產品來服務客戶，同時發展自有品牌，進軍國際市場，當發現難以在國際市場上打出知名度時，轉而透過併購美國當地已有品牌與通路的 MSC，快速做進美國市場，因而能在 1989 年至 1992 年快速做大。

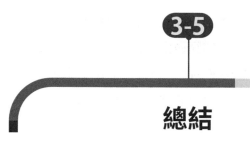

# 總結

同心圓理論是一個非常好用的事業發展模式，只可惜很多企業都只是埋頭苦幹，用職人模式，守在本業，辛苦努力打拚，忘了站在服務客戶的立場，提供客戶周邊的組合商品，以及更多元化的服務，來提升客戶滿意度。

其實當客戶滿意，我們在經營上就得意。因為這代表他們願意回購，甚至願意介紹其他客戶給我們，如此，我們的業績很容易就可以翻轉上去，我們的利潤也很容易就可以翻轉上去。

這就是為什麼我不斷提倡同心圓理論的主因。

正因為台灣的市場規模不大，自 2019 年台灣的人口數達到最高峰的 2360 萬人之後，就逐年遞減。據國發會推估，到了 2070 年，台灣的人口數將降至 1502~1708 萬人，約 2022 年的 64.8%~73.7%。

台灣的人口數變少，市場當然就會萎縮。我們若是只做內需市場，市場規模絕對會愈來愈小，因此不論什麼產業，都要趕快拓展出去，而同心圓理論就是很好的應用方式。

同心圓理論就告訴我們，市場客戶需要什麼，我們就去提供。不要拿「客戶要的不是我做的」當藉口，當「我賣的不一定是我做的」，當我們找客戶要的來提供給他，滿足他的需求，我們的事業就可以做得很大。

這是這 40 年來我的實務經驗。這不是概念，而是我一直在用的方法。不管在內需市場或國際市場，只要我們信守「我賣的不一定是我做的」，以同心圓理論來提供多元化商品，滿足客戶需求，我們就能在市場上呼風喚雨，順利地讓公司創造 10 倍、乃至 100 倍的效益。

綜言之，企業經營不在組織規模大小，而在有沒有事業經營的發展規劃，同心圓理論就是對事業發展規劃很好用的經營模式。

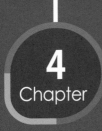

**4**
Chapter

創新行銷

運用整合行銷創優勢

# 經營策略的導用認知

行銷源自於銷售，英文是 Marketing，Marketing 在 1960 年代稱市場學，到了 1970 年代，政大的楊必立教授為 Marketing 這門學問定名「行銷學」，是當時的一大突破。

從英文觀之，Marketing ＝ Market ＋ ing，Market 是靜態的，加了 ing 就變成動態的，可見市場是靜態的，要在市場上運作才會變成動態，因此企業經營一定要懂得市場動態的運作。

而要了解市場，就要做市場調查（Market Research），對市場做深入的探索，這是行銷研究的首要。

1990 年以前，大眾市場是主流。1990 年以後，大眾市場沒落，小眾市場崛起。行銷研究不再強調一個大眾市場（Mass Market）的概念，而是將一個大眾市場進行切割（Segmentation），切割成很多個區隔市場，每一

個區隔市場就是一個小眾市場，小眾市場又稱利基市場（Niche Market）。

我們要從中選定一個小眾市場作為我們的目標市場（Targeting）。有目標市場，我們就可以決定我們的市場定位（Positioning），依我們的市場定位，規劃與提供我們目標市場要的商品，主動滿足我們目標客群的各種需求來勝出。

大眾市場　　　　　　區隔市場　　　　　　目標市場

早期行銷的概念未普及時，企業的銷售模式多是直銷（直接銷售）或推銷，時至今日，台灣仍有非常多的企業沒有行銷的概念，只是在執行推銷的運作。

推銷主要界定為 B2B 或 B2C。B2B（Business to Business）是代理與經銷的生意，簡單的定義就是生產導向型，亦即努力地將產品做出來，再以強推推銷的方式賣給中間商，由中間商賣到末端消費者手上。

B2C（Business to Consumer）是零售流通業與網購業的生意。相較於 B2B，B2C 是市場導向型，但仍是強推推銷，只是產品沒有賣給中間商，而是直接賣到末端消費者手上。這種行銷模式雖然有貼近末端消費者，了解末端市場的需求與變化，但是還是在坐等客戶上門，坐等客戶告訴我們他要什麼，我們再賣給他。

這是早期強推強銷的時代，進入 1990 年之後，進入市場的賣家愈來愈多，市場不再像過去一樣以賣方為主，而是變成以買方為主，行銷學就蓬勃發展上來。

到了 1993 年，整合行銷興起，主要是因為網際網路開始蓬勃發展，成了新的行銷工具。現在的電商就是以前的網路行銷。整合行銷的最重要目的就是要讓目標客群起心動念地購買，同時維持他的消費忠誠度。

整合行銷的盛行就意味著我們不能再拘泥在我的技術有多屬害、我能做什麼，我們不能再拘泥在以 B2B 或 B2C 的經營思維來強推強銷，我們不能再拘泥在做生意就是要面對面（Face to Face）。

因此，我們很熟悉的網商（演進到 2020 年改稱電商）就這樣出現了，C2C（Consumer to Consumer）開始成為主流。C2C 是個體戶針對末端消費者的需求來提供商

品，之後就演進到 O2O2L 成為主流。

O2O2L 就是線上（Online）＋線下（Offline）＋物流（Logistics），也就是消費者可以在線上商店查找、訂購商品，線下商店體驗、領取商品，變成線上對線下。因為這種運作模式，個體戶做不來，因此就升級成企業的運作。

進入 2015 年之後，則演進到 C2B（Consumer to Business）成為主流。C2B 要做的就是 D2C（Direct to Consumer）及 OMO（Online Merge Offline）。

D2C 意指品牌不透過中間商，直接建立官方銷售管道。OMO 則意指線上線下整合、虛實整合，也就是市場通路必須猶如「水銀瀉地，無孔不入」，全面鋪出去，又稱全通路（Omnichannel）行銷。

換言之，隨著時代變遷，過去（B2B 時代）只要很會做、很努力，就能在市場上勝出，現在已不可行；過去（B2C 時代）只要重視市場，了解市場需求，就能在市場上勝出，現在也不可行。

因為現在的市場已從「需求大過供給」的賣方市場轉變成「供給大過需求」的買方市場，消費者有很多選擇，因此在市場供給過多且競爭激烈的情況下，我們的行銷模式就要先重視我們目標客群的各種需求，包括他需要什麼、他想要什麼、他喜歡什麼、他在意什麼。

這些要件就是 C2B 的經營關鍵，也是科特勒（Philip Kotler）在其著作《行銷 5.0》中提及的 IMC 概念。

IMC（Integrated Marketing Communication）中，Integrated 是整合，Marketing 是行銷，Communication 是溝通。Communication 是我們的公司、品牌或商品與末端需求者之間溝通的媒介與橋樑，過去主要是透過廣告，2020 年之後，廣告的主流媒體不再是傳統的電視廣告，而是隨著科技進步應運而生的新媒體與數位廣告，諸如 Google、Facebook、Instagram、YouTube。

換言之，數位行銷成主流，廣告不再只是透過我們所熟悉的電視、廣播、報紙、雜誌等媒體來廣而告知，而是透過很多的溝通媒介，包括電子郵件、部落格、搜尋引擎、社群媒體、網路廣告。當然，過去的傳統廣告不會消失，只是數位廣告的使用會普及，不一定要用傳統廣告。

科特勒在 IMC 的概念中非常強調，任何企業、品牌、商品要成功，就要透過各種媒體、通路來與末端需求者或我們所要銷售的對象進行溝通與互動。

特別是面對當前的整合行銷時代，更要在對方都還沒看見我們時，我們就可以清楚他要什麼，而準備他要的給他。換言之，整合行銷的關鍵在 C2B，技術已成其次。還以技術掛帥，就會陷入小格局。

整合行銷的盛行也意味著我們不能再迷信廣告媒體公關，以為玩電商一定要投放廣告才有效。其實整合行銷的真正價值並不在投放廣告，而在策略規劃。換言之，整合行銷是在談策略，而不是談廣告媒體公關，不要誤解了。

現在是 OMO 當道的時代，因此會有很多新的溝通媒介與管道應運而生，諸如 KOL（Key Opinion Leader）、KOC（Key Opinion Consumer）、網紅、直播主、Youtuber。當我們的目標客群習慣與這些新的溝通媒介與管道接觸，我們就要跟進，不要固守在我們最熟悉或單一的溝通媒介與管道，如此，我們的行銷才能收到綜效。

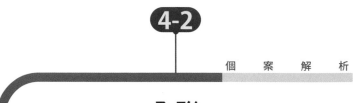

# 全聯
## 全台最大連鎖超市

### ◆ 公司經營理念

價格最放心、品質最安心、開店最用心、服務最貼心

### ◆ 公司願景目標

以「買進美好生活」為核心理念，打造幸福的企業。

### ◆ 公司發展沿革

| 年份 | 重要大事紀 |
|---|---|
| 1998 | 全聯實業股份有限公司成立，接收全聯社原軍公教福利中心的66家店面，並改為全聯福利中心。 |
| 2004 | 取得公營事業楊梅消費合作社（楊聯社）經營股權，並予以併購。 |

| 2006 | 取得台灣善美的股份有限公司（善美的超市）經營股權，並予以併購。 |
|------|---|
| 2007 | 取得台北農產運銷股份有限公司旗下「台北農產超市」經營權，並予以併購。 |
| 2008 | 推出「全聯福利卡」。 |
| 2009 | 開設新型態附設生鮮超市之門市賣場。 |
| 2010 | 全聯福利中心分店突破520家。 |
| 2011 | 成立「財團法人全聯佩樺圓夢社會福利基金會」。 |
| 2012 | 觀音物流園區正式啟用。<br>高雄市岡山區統倉物流中心正式啟用。<br>首次年營收名次打敗家樂福，成為台灣生活百貨雜貨營業額第一名。<br>加入 AJS 全日本超級市場協會會員並引進生活良好商品。<br>品牌定位「來全聯，買進美好生活」。 |
| 2014 | 延攬前統一超商總經理徐重仁擔任全聯總裁。<br>福利卡紅利點數改為可永久使用。<br>接手部分全買生鮮超市店址，開設優化生鮮、熟食商品的新型態二代店。 |
| 2015 | 發表第一代吉祥物「福利熊」。<br>收購味全旗下的松青超市99.59%股權（包含松青商標、店內設備等），開放悠遊卡、一卡通使用。 |
| 2016 | 梧棲物流園區正式營運。<br>首次全店印花集點換購雙人牌刀組活動。<br>前統一超商營運長謝健南接任全聯福利中心執行長。 |
| 2018 | 收購景岳生物科技旗下蛋糕烘焙連鎖店白木屋食品。<br>於台北開設第一間小型店「全聯mini輕超市」，主要販售快速消費品，包含生鮮、飲料與烘焙等，展店定位為都會區商圈及社區。<br>提出新Slogan「全聯 20 年，方便又省錢」。 |
| 2019 | 第1000家分店開幕。 |

| 2020 | 首間結合無印良品專區的全聯店中店門市嘉義興業西店開幕。 |
|------|--------------------------------------------------------|
| 2021 | 宣布將收購歐尚集團及潤泰集團所持有大潤發量販股權，包含自有土地及建物、門市經營權及自有品牌，未來將名稱不變，維持雙品牌經營。 |
| 2022 | 公平會決議通過全聯併購大潤發案，但附加7項條件負擔。自此全聯集團旗下同時經營有量販店（大潤發）及超市（全聯福利中心）兩種零售業態。 |

## ◆ 公司經營重點變化

單就全聯本身的歷史而言，只有 22 年，並不長，但是加上全聯的前身「軍公教福利中心」的歷史就很長。軍公教福利中心是國防部於 1975 年仿效美軍駐台期間設立的美軍福利社（Post Exchange；PX）而成立。

當時的美軍福利社除賣美軍生活所需的舶來品外，還與台灣廠商合作，要求台灣廠商製作的法國麵包只能供應美軍福利社。後來美軍撤台，美軍福利社關閉，該麵包開始對外販售，就稱福利麵包。

因為軍公教福利中心只賣乾貨，又是公家機關（先是國防部主管，後來又交由中華民國消費合作社全國聯合社接管），服務很差，績效很差，因此 1998 年就民營化，改稱全聯。

2004 年、2006 年與 2007 年則啟動併購，先後併了楊聯社、善美的超市與台北農產超市。其中，善美的超市是永琦百貨與日商善美的合資成立的，只是永琦百貨在不敵市場競爭下，先於善美的超市在 2002 年結束營業。永琦百貨消失後，取而代之崛起的就是新光三越。

2009 年全聯開始不只賣乾貨，還賣濕貨。這是全聯蛻變的開始。 2014 年全聯又加賣熟食。

2012 年全聯為了建立快速取得的優勢，啟用了物流中心。同年還進行第一次轉型，成立時尚平價超市 iMart，並且年營收首度超越家樂福，開始拉大與家樂福之間的差距。而家樂福為了縮小與全聯之間的差距，就併了頂好與 JASONS 超市。

2014 年與 2015 年全聯繼續併購全買超市與松青超市。併購松青超市後，展店數立刻突破 850 家。 2018 年則跨足烘焙業，併購白木屋。

2016 年全聯開始進行聯合促銷，聯合促銷讓全聯業績大升。全聯在 2018 年與花仙子合作的集點換購瑞士鑽石鍋，更讓雙方都得利，花仙子不僅獲利爆衝 3 倍，還聲名大噪。

2018 年全聯跨足便利商店，開了小型店 mini 輕超市，主打生鮮、快速消費品及熟食，開始對 7-ELEVEN 構成威脅。

2019 年全聯展店數突破 1000 家，年營收也突破 1300 億元，雙創新高。

若以全聯物流中心的變革觀之，全聯展店數能突破 1000 家，物流中心功不可沒。全聯是在 2009 年開始籌備物流中心的建置，2011 年買下慶眾汽車的廠房，改作物流中心，2012 年桃園觀音物流中心落成。隨後高雄岡山與台中梧棲的物流中心也相繼落成。如今全聯是北中南三區都有物流中心的運作，可以做到商品今天下單、明天到店的快速配送。

這也可見，任何產業，未來的勝負關鍵在物流，而不是電商。我們若想贏在物流，就要落實在地化，打造區域經濟體內沒有 MOQ（Minimum Order Quantity）限制的即時物流配送，讓商品可以一天到貨。若是還要客戶下 MOQ 訂單後再等 30 天才能收到貨，客戶就會轉單。

過去全聯都是把店開在街道巷弄內，而不是開在大馬路旁，因此店租相對比較便宜。對於裝潢，全聯也沒有特別講究。換言之，全聯就是把店租、裝潢的錢省下

來，回饋給購買者，因此賣的商品才能這麼便宜。

全聯也在行銷策略上推出「全聯先生」的廣告，打出實在、便宜的訴求，讓全聯的左右鄰居都埋單，並推出幽默有趣、貼近生活的創意廣告（諸如中元節廣告），在社群平台上創造話題，引發討論，因此能一炮而紅。

#### ◆ 觀察評估解析

全聯已成為民生用品的代名詞。全聯的展店數與營業額可以快速成長倍增，靠的是憑藉前身軍公教福利中心的低價優勢，轉型成社區型既便宜又方便、還比傳統雜貨店乾淨明亮的超市定位奠基。

而隨著人口結構改變，新世代會變成未來的消費主力，我們若是還維持著原有的訴求，新世代不一定埋單，因此改變 SI（Store Identity；店格共識）來吸引新世代客群是必然的。但凡有歷史的企業都要有這點認知。

全聯的經營策略一開始是低價策略，等到市場鞏固後，才轉變成差異化策略，陸續引進生鮮、烘焙、咖啡、葡萄酒等新品來賣，同時也把時尚的元素納進來，重新調整 SI，改變消費者對全聯只有平價的印象，讓消費者對全聯的印象多了時尚感。

而全聯的 4 個心（價格最放心、品質最安心、開店最用心、服務最貼心）是它的經營優勢，我們可以稍微觀摩來檢視我們公司可不可以導用。

其中，採行低價策略的前提是寄賣，因為若要買斷，進貨成本就是一個壓力，不可能低價。換言之，全聯的展店數已突破 1000 家，一鋪貨就是一個財產，諸如一家分店鋪 5 萬元，1000 家分店就是鋪 5000 萬元，因此全聯沒有選擇買斷模式，而是選擇寄賣模式，讓供應商先備貨、先鋪貨，之後全聯賣出多少商品，就付多少現金給供應商。

雖然寄賣模式下，庫存成本要由供應商負擔，給供應商不小壓力，但是因為全聯展店數多，不收上架費，也不發展自有品牌來與供應商競爭，因此供應商願意挺他。全聯也藉此減輕庫存囤積的壓力，省下很多錢來維持低價優勢。

我們若要採用寄賣模式，就要把規模做大。若是規模很小，寄賣模式就不可行，因為供應商會評估我們一個月可以包銷多少。我們若要採用寄賣模式，也要審查對方是不是我們的目標客群，若不審查，風險就高。

全聯轉型成超市，則意味著全聯已經認知到原有客群會老化，未來的銷售主力會年輕化，若再以傳統模式來經營 1000 個點而不轉變與轉型，即便點再多，也會失去年輕客群，因此就推出全新店型 imart，透過 SI（Store Identity）的重新調整與新品的導入來培養年輕客群，以免將來面臨斷層的窘境。

全聯的目標客群從家庭主婦擴大到年輕世代與上班族群，這也告訴我們，只經營自己想像與熟悉的客群，會愈做愈小，要擴大客群，客戶數才會增加；客戶數增加了，業績與淨利才會增加。而要擴大客群，就要調整商品結構，才能吸引新客群進來。

因為消費者的消費習性改變，因此零售流通業者一定要了解現在的消費趨勢，亦即街邊店的專賣店會沒落，要轉型成複合店、大量販、連鎖、商城，才能存活。這也是為什麼百貨公司、Outlet Mall 愈來愈多的主因。

我在 1980 年代開始經營零售業，就倡導必須全力發展連鎖產業，可是到了 21 世紀，連鎖不一定是萬靈丹，如果沒有轉型成複合店，連鎖也不見會有效。而全聯身

為台灣量販連鎖第一大，不要以為它只是單純開一家店，等我們去消費，全聯現在開始透過各種媒體管道與消費者互動。

全聯運用快速供貨，縮短物流配送時間，消費者只要線上購滿 399 元，就可以在 1 小時內收到全聯配送的商品。這項服務就使得全聯的市占率愈來愈大。現在家樂福也開始提供這樣的服務，以我們家的經驗，距離我們家 1 公里左右有一家家樂福，我太太試著在家樂福線上購物購買 49 元的商品，結果我們在 30 分鐘內就收到貨。

這告訴我們，在這樣一個整合行銷的時代，我們不能只會打廣告，還要加上整合行銷模式。對於整合行銷，不懂的人都以為它是一種廣告，其實它是一種溝通與訴求，我們必須了解消費者的需求，而消費者是資訊的吸收者，因此我們若要成為資訊的傳遞者，就要透過各種管道，讓消費者快速找到資訊、接受資訊。這就是整合行銷的最大關鍵。

**4-3**

個 案 解 析

# 花仙子
## 台灣香氛領導品牌

### ◆ 公司經營理念

便利新科技，智慧好生活

### ◆ 公司願景目標

朝「亞洲華人第一品牌」之目標邁進。

### ◆ 公司發展沿革

| 年份 | 重要大事紀 |
|------|-----------|
| 1983 | 優特實業有限公司成立。 |
| 1984 | 推出「香香豆」，引領學生流行風潮。 |
| 1985 | 淡水第一工廠設立。 |
| 1990 | 推出「克潮靈」品牌。 |
| 1993 | 更名為「優特實業股份有限公司」。<br>淡水二廠成立，並開始自動化生產。 |

| | |
|---|---|
| 1996 | 更名為「花仙子企業股份有限公司」。<br>推出「去味大師」品牌。 |
| 1997 | 推出「驅塵氏」品牌。 |
| 1998 | 桃園觀音廠落成啟用。 |
| 2001 | 上櫃轉上市。<br>轉投資泰國花仙子公司，拓展泰國市場。 |
| 2002 | 成立上海及北京分公司。 |
| 2003 | 併購台灣潔氏，取得「潔霜」品牌。<br>取得Sara Lee公司總代理，銷售奇偉品牌鞋油及香必飄品牌芳香劑。 |
| 2004 | 取得Sara Lee 芳香系列代工／Duskin 驅塵系列代工。 |
| 2005 | 導入SAP 作業系統。 |
| 2007 | 代理美國康寧餐具，成為台灣地區總代理。 |
| 2010 | 轉投資馬來西亞花仙子公司，拓展馬來西亞市場。<br>於江蘇太倉投資成立蘇州花仙子環保科技有限公司。<br>台灣總部響應愛地球節能減碳，建置太陽光電發電系統。 |
| 2014 | 取得帝凱（好神拖品牌）公司經營權。 |
| 2017 | 成立越南花仙子。 |
| 2018 | 推出「Les Parfums de Farcent」品牌，提供更多質感香氛選擇。 |
| 2019 | 跨足個人護理領域，推出Farcent 香水胺基酸沐浴露。<br>獨家代理芬蘭菲斯卡集團「皇家道爾頓」及西班牙刀具品牌「阿科斯」。 |
| 2020 | 董事會成立ESG 委員會，以利永續發展。<br>跨足洗髮市場，推出Farcent 香水奇蹟洗護髮。<br>因應疫情推出一系列天然抗菌防護商品。 |
| 2021 | 跨足男性沐浴市場，推出Farcent 香水男性沐浴露。<br>推出「小蚊清」防蚊品牌。 |

## ◆ 公司經營重點變化

花仙子成立於 1983 年，當時公司名稱叫優特，不叫花仙子。花仙子一開始是賣隨身攜帶的香氛，一上市就大賣，造成家庭小工廠供不應求，於是隔年蓋了工廠，大規模量產，也開始賣起汽車芳香劑。

我在 1988 年接下花仙子的顧問案時，對它賣的汽車芳香劑，第一個閃過的念頭是「這沒什麼搞頭」。

因為 1 Piece 才賣幾十元，台灣的汽車總量又不大，因此我就向花仙子創辦人王堯倫分析，光賣汽車芳香劑，不足以讓公司變成知名企業。再加上汽車芳香劑是化學品，化學品對人體有害，將來容易被攻擊，因此不能只賣汽車芳香劑，還要賣對家庭生活有幫助、又不含有害成分的商品。

王堯倫訴諸研討、實驗後，除濕劑「克潮靈」就應運而生。因為當時除濕機還未在台灣普及，除濕劑成了台灣家庭的必備品，因此我就為克潮靈這支商品訂了一個目標，即克潮靈要成為 500 萬戶家庭的必備品。

而公司就在這個目標共識下努力，結果隨著克潮靈大賣，公司也一躍成為業界第一大。後來我又發明補充包，補充包更讓公司創造上億元營收。

可見，商品對了，就贏了一半，因為需求者會競相來買。若是商品不對，我們就要強推強銷，如此就會累個半死。

附帶一提的是，我輔導期間，正好遇上花仙子的通路商高峰百貨選定花仙子的商品作為它玩「每日一物」的犧牲打，亦即高峰把花仙子的商品賣給店家，原本是賣 15 元，犧牲打下就只賣 7 元，已經低於它的進價，因此為了確保商品的品牌價值，我就動員公司全員到它那裡用 7 元買回來，當它賣光缺貨必須補貨，公司再以 10 元賣它，賺它第二次。

而隨著克潮靈大賣，公司也蓋了第二間工廠，並把工廠變成自動化生產。這間工廠是一棟 4 層樓建築，產線在 1、2 樓，倉庫在 4 樓，產線產出的成品都是用升降梯拉到 4 樓入庫，等到下午 4 點貨車來了，再用帆布滑道，像溜滑梯般，把一箱一箱的商品從 4 樓滑到 1 樓，讓貨車裝貨出貨。當時每天都有 26 部貨車在出貨，很壯觀，也激勵員工向心力。

後來為了準備上市櫃，花仙子就在 1994 年與 1996~1999 年先後調高資本額至 3.8 億元。公司能不斷擴增資本額，都不是靠股東拿錢出來、現金增資，而是靠

盈餘轉增資。

再者，「優特」可以是公司名稱，卻不適合作為品牌名稱。因為我懂法文，因此我就將公司名稱從「優特」改成「花仙子」。花仙子的 Farcent 其實不是英文，是法文。

同時，公司的商品線原本只有除濕系列，1996 年也增加了除臭系列。

另外，鑒於若要上市櫃，公司辦公室位在台北市舊城區（大同區庫倫街），較落後，不足以讓投資人信服，因此也在承德路買了新的辦公室，搬遷至新的辦公室。

接著，公司是先上櫃，上櫃 6 個月後轉上市。公司在 2000 年上櫃時，股價一直只有 11、12 塊，讓王堯倫很疑惑，於是就問我：「為什麼公司股價是這樣？」

我當時告訴他：「你們的股價一定是這樣。因為你們上櫃後，仍是家族企業。你們釋股都是家族親友入股，給員工的 10% 也有一半都變成自己的股份，你們家族就持股 90% 以上，市場沒有流通，投資人就炒不起來，股價自然只有這樣。如果你們願意再釋出 30% 的股權，股價就會不一樣。接著再一天到晚放出利多消息，股價就

會更漂亮。」

果然，王堯倫一把一半的股權賣出去，股價就很快漲至 70 元以上。而公司營業額不高，上櫃時，營業額只有 3 億多，上市時，營業額只有 4 億多，公司可以在營業額不高的情況下，上櫃 6 個月後轉上市，主要是因為獲利很漂亮。

這也可見，一家公司要上市櫃，不需要把營業額做到數十億或數百億元，只要公司有核心價值，獲利很漂亮，就能上市櫃。當然，最低門檻是 3 億元，公司的營業額必須超過 3 億元，才有資格談上櫃。

另外，花仙子會申請 ISO 認證，主要是因為它是工廠，它要做國際市場。換言之，ISO 是國際認證標準，當我們要做國際市場、國際貿易，或我們做的 B2B 生意，客戶是國際大廠，我們就要配合國際大廠，取得 ISO 認證，才能做到國際大廠的生意。當然，我們若是只做台灣市場，沒有做國際市場，就不需要取得 ISO 認證。

因為我告訴王堯倫，花仙子要做大，就要設定中長期發展目標，並且跨出台灣，才有機會，因此花仙子上市後，就開始做國際市場。

　　而花仙子做國際市場，第一站就是泰國。泰國是花仙子在東協設立的第一個銷售據點與工廠。花仙子是在 2001 年進駐泰國，算是較早進駐東協的台灣企業。會選擇泰國作為第一站，主要是因為泰南人愛漂亮，非常喜歡香氛，包包都會放香氛，香氛在泰國有市場，再加上曼谷自古以來就是國際化程度很高的大都市，比較開放。

　　除泰國外，花仙子也在 2010 年與 2017 年先後進駐馬來西亞與越南，設立東協的第二個與第三個銷售據點與工廠。

　　因為從台灣做好，運到東協，不僅交期長，運費不便宜，還要被課高關稅，因此我引導花仙子要在地化。而花仙子在泰國與越南在地化，工廠都是自己設，設小廠，然後當地生產、當地銷售，因此獲利不錯。

　　花仙子在馬來西亞在地化，則是以入主的方式。通常要讓當地企業願意接受我們的入主，我們就要拆解利潤，分析給它聽，諸如告訴它，合作後可以賺 4 倍；若是我們公司在台灣上市，它還可以擁有台灣上市的股份。換言之，唯有共利、讓利，才能吸引很多人來參與合作。

　　除東協外，花仙子也在 2002 年進駐中國，在上海與

北京設立銷售據點，在廈門設立工廠。除廈門廠外，花仙子也在 2010 年設立蘇州廠。

同時，花仙子還啟動併購，代理品牌，進行多品牌操作，變成複合式平台。公司業績也在多品牌與複合式經營下進一步翻轉。可見，只賣單一商品，業績無法跳躍式翻轉，要賣多元商品，業績才會跳躍式翻轉。

進入 2004 年後，花仙子開始為國際大廠代工。其中，Duskin（樂清）是日本知名清掃品牌，統一集團負責它的銷售。

進入 2005 年，花仙子則藉由代理品牌，從一開始自製的汽車芳香劑，跨足除濕與除臭，再跨足各種香氛，再跨足美妝保養品。

而當公司發展到一個規模，當公司國際化，手工作業不敷使用，就要導入 ERP（Enterprise Resource Planning）與 EIP（Enterprise Information Portal），靠系統作業。花仙子在 2006 年導入 SAP，SAP 就是眾多 ERP 系統中的一個系統。

緊接著，花仙子在 2007 年代理康寧餐具，就是同心圓第三個圓（與本業不一樣）的運作。

2014 年，花仙子入主帝凱，是經營團隊全部留任。這是併購技巧。因為我們身邊不可能有專精這個專業的團隊，讓原有團隊繼續做，原有團隊才不會恐慌。若是讓原有團隊出去做，他們就會成立另一家公司來打我們。而花仙子入主帝凱，合併營收後，業績也進一步翻轉。

2019 年，花仙子跨足個人護理用品，雖然商品線不一樣，但是花仙子一直聚焦在家的氛圍發展，沒有離開家的氛圍。

### ◆ 觀察評估解析

我在 1990 年輔導花仙子，讓花仙子成為台灣第一大芳香劑品牌，然後開始做外銷。花仙子在二代接班的過程中，持續做外銷之餘，也開始做整合行銷。在那個年代，除濕機還不普及，因此花仙子推出的克潮靈幾乎是家家都有一個。時至今日，花仙子則不只賣芳香劑、除濕劑，還賣居家清潔用品、居家清潔工具、家用香氛；也不只在國內賣，還往國外發展。

花仙子創業至今都沒有虧損，主要是因為它做了 4 次轉變與轉型，因此我們不要以為老品牌就可以吃香喝

辣一輩子，要轉型才能長青。花仙子的第一次轉變與轉型是賣了同心圓商品，從本業的汽車芳香劑跨足本業相關的家用除濕劑。

再者，基於工廠的產能是固定的，若要擴大產能，就要另外設廠，另外設廠就要買土地、蓋廠房、買設備、請一堆人來凌虐自己，很花錢，因此花仙子在同心圓的運作上是把低階的汽車芳香劑外包給低階工廠代工，內廠就提升設備做高階家用除濕劑。

換言之，OEM（純代工）必須轉變成 ODM（設計代工），ODM 必須轉變成 OBM（自有品牌）。有 OBM，產品就變成高階自製，低階外包，同時再附加外購商品及代理商品，如此，不需要花太多自己的力氣，業績就能翻轉上來。

花仙子的第二次轉變與轉型是運用併購來擴大同心圓商品，從本業相關的家用除濕劑跨足本業相關的居家清潔用品、居家清潔工具。

換言之，花仙子的營業額可以從上市上櫃前的 3 億元快速成長至 2019 年突破 30 億元，跨度非常大，不是全靠自己打拚，還靠併購。

　　併購若是強強聯合，就會變得更強。若是我們不強，就要找強的來併購，這種併購的基本概念就是借殼上市。正如現在日本中小企業多是體質好，但是因為創辦人老了，二代又不接班，因此只能賣公司，我們就可以乘勢買下它來借殼上市。

　　而花仙子併購帝凱，算是強強聯合，並且買帝凱算是買得很便宜。因為帝凱的好神拖有中國的專利與商標價值，相較於台灣只有 2300 萬人口的市場，中國有 14 億人口的市場，兩者的價值是不一樣的。再加上好神拖是線上銷售，線上的量就更大。

　　除好神拖外，妙潔是中國知名品牌，花仙子也借用帝凱代工的妙潔品牌來帶它的花仙子品牌上來。

　　換言之，當我是白牌、不知名品牌、Nobody，我就可以採行 Co-Branding 策略，找知名品牌、Somebody 來借力使力，借用它的品牌優勢來拉抬我的品牌價值，直到我的品牌變成知名品牌、Somebody，我就可以不要它。

　　花仙子的第三次轉變與轉型是運用代理整合家用系列商品來擴大同心圓商品，並結合通路的優勢活動，創造倍增效益。

花仙子在二代王佳郁接手之後，開始懂得整合行銷的操作，諸如 2019 年花仙子與全聯透過引進瑞士鍋具的合作，讓雙方業績都暴增。花仙子在那個年度的業績突然跳躍成長好幾倍，最主要原因就是它運用全聯的客戶資料庫來整合，亦即花仙子發現會買它的商品的客戶就是末端的家庭用戶，而這些家庭用戶正是全聯的客戶，且這些家庭用戶會需要的可能就是廚具類商品，因此透過與全聯的合作，就讓雙方都獲利。

若是花仙子只會沿用過去傳統的手段，成長就會很慢。這也可見，運用整合行銷，結合同心圓模式，來服務客戶，滿足客戶需求，其實對企業獲利有很大的幫助。

花仙子的第四次轉變與轉型是進行國際產銷布局。因為靠外銷，還不算站上國際舞台，畢竟市場還掌握在別人手裡，通路還是別人的，品牌還是別人的，我們沒有舞台，只有產品，因此唯有把品牌做出去，在當地擁有（自建或布建）自己的通路，才算站上國際舞台。

綜言之，花仙子是製造業，製造業要轉型不容易。花仙子可以在 37 年內做了 4 次轉變與轉型，就是靠併購與代理。花仙子若是什麼都靠自己做，轉變與轉型的速度就不會像現在這樣這麼快。運用整合行銷，也是花仙子最近 3~4 年快速翻轉上來的一個關鍵。

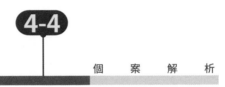

個　案　解　析

# 福義軒
## 嘉義老字號餅舖

### ◆ 公司經營理念

重新鮮、重內涵、簡單化

### ◆ 公司願景目標

持續以耐心等待這值得久候的美味，繼續堅持以重新鮮、重內涵、簡單化的理念，走向下一個一甲子。

### ◆ 公司發展沿革

| 年份 | 重要大事紀 |
|------|-----------|
| 1951 | 以「福義軒製菓」創立於嘉義。 |
| 1977 | 率先推出手工蛋捲，引領業界風潮。 |
| 1993 | 更名為「福義軒食品廠有限公司」。 |
| 2001 | 成立第一家直營門市—成功門市。 |
| 2002 | 胚芽餅成功上市，帶動零食休閒食品輕負擔風潮。<br>創下生產一週銷售一天半的搶購盛況。 |

| 2005 | 導入TPM 全面生產管理制度、5S、現場管理法。 |
|------|------|
| 2011 | 手工蛋捲創造門市、網路歷久不衰的排隊搶購熱潮。 |
| 2014 | 成立第二家直營門市一共和店。銷售業績全村第一。 |
| 2016 | 成立第三家直營門市，品牌旗艦店—中山店。<br>創新營運模式，以「呷餅配茶」作為品牌核心。<br>成立第四家直營門市一文創店。 |
| 2017 | 創新噴醬餅乾－喀醬蘇打餅上市，帶動料理結合餅乾風潮。 |
| 2019 | 結合台灣小吃之在地餅乾口味，休歡麥（烤玉米餅）再創佳績。 |
| 2020 | 舊官網再見，新官網正式上線。 |

## ◆ 公司經營重點變化

喜歡吃餅乾的人應該都知道福義軒，我會認識福義軒，主要是因為當時我是福智團體的顧問，協助福智將其里仁事業經營成台灣有機連鎖第一大，適逢福義軒在經營上陷入瓶頸。

福義軒是嘉義歷史悠久的餅乾製造廠，因為 1990 年代，進口餅乾稱霸台灣的零嘴市場，量販通路也取代傳統街邊店店家，因此導致福義軒銷路慘淡，經營得很辛苦。直到 2002 年，里仁決定開發無添加餅乾，找上福義軒，福義軒才在這樣的機緣下起死回生。

當時我告訴福義軒，里仁主要是做有機食品，因此福義軒研發的餅乾必須不加人工添加物，符合里仁的評鑑標準。而歷經多次的調整配方、提升技術、改良模具與設備後，無添加的胚芽餅終於問世。

我也告訴福義軒，這款胚芽餅一定要與它過去的商品、市場通路有所區隔，因此福義軒將胚芽餅上架到里仁的通路之後就一炮而紅，福義軒的胚芽餅也成為台灣天然餅乾的代表。其實一般餅乾都有人工添加物，只是福義軒的胚芽餅因為有里仁的慈心有機認證，證明是天然、無添加，因此作出了口碑。

而福義軒起死回生，闖出一片天之後，也開始做手工蛋捲。現在逢年過節，很多人的首選禮品都是福義軒的手工蛋捲。有了胚芽餅、手工蛋捲的奠基，福義軒的商品也開始多元化發展，漸漸在台灣的烘培業占有一席之地。

◆ **觀察評估解析**

一個品牌商品要經營的好，主要有三大關鍵：一是要有特色；二是要有知名度；三是要做好整合行銷。福義軒正是因為有做好這三大關鍵的運作，因此能從慘澹

經營中再起。

換言之，很多食品會好吃，口感會好，都是因為加了人工添加物。而有機無添加是福義軒的特色，福義軒正是憑藉這個特色，再運用里仁的通路，打出知名度，接著再運用整合行銷，藉由里仁這個通路來傳達「有機、天然」的訊息，因此能快速被社會大眾接收到，從而產生信賴，讓福義軒翻轉上來。

這就是整合行銷溝通的運作。整合行銷溝通的運作在過去是用廣告來溝通，在現在則可以用很多種方式來溝通，重要的是我們要用什麼方式來溝通，才能快速地讓我們的目標市場、目標客群都認識我們。

## 4-5

# 總結

真正懂整合行銷者，不一定要花大錢做廣告。沒有花大錢做廣告，業績還是可以做的很好。這麼多年來，我經營企業，常常沒有花大錢做廣告，業績照樣能翻轉數十倍，靠的就是做好整合行銷。

我非常重視與強調的就是如何讓我們的客戶真正的滿意我們的商品與服務，讓客戶滿意，客戶就會自然而然地做再介紹的動作，這就是行銷戰略上一個很重要的方法，也是銷售的最高境界—客戶介紹客戶。

整合行銷其實最終就是要讓客戶滿意，並願意幫我們介紹客戶。而客戶要怎麼樣才會滿意？一定是我們的服務、訊息的傳達、整個商品的提供，到我們對客戶的關心度，都有做到位。

其中，我們對客戶的關心度不是只有打電話問候而已，更重要的是我們的商品與服務有沒有真正滿足他的

需求、我們有沒有在最短的時間內提供他要的商品或服務給他、我們有沒有讓他充分掌握我們所有商品與服務的資訊。

在過去的時代有一個錯誤的認知，就是以為顧客滿意度就是要降價，用最便宜的價格讓顧客滿意，但其實這是違反行銷準則的，行銷的最高境界不是降低價格、削價競爭，而是讓顧客滿意，因此我們要懂顧客在意的是什麼、顧客的需求是什麼。

而整合行銷溝通就是告訴我們，不能守在傳統的運作模式，要運用各種能接觸到我們目標市場、目標客群的管道，來傳達我們公司品牌商品的優點，讓我們的目標市場、目標客群能夠非常樂意地接受我們的品牌商品。這就是整合行銷的價值。

**5**
Chapter

短鏈優勢
運用產業鏈創造價值

# 經營策略的導用認知

自 2020 年疫情發生之後，我就不斷強調「去全球化」與「去中國化」，而如何做到去全球化與去中國化？其實就是運用產業鏈的短鏈經營模式。

所謂的短鏈經營模式，簡言之有兩個關鍵重點：一是就近供貨；二是在地化。

疫情造成全世界的物流鏈與供應鏈斷鏈，導致全世界的企業在經營上產生很大的困擾，同時也間接導致物價上漲，通貨膨脹，傳統全球化的國際貿易及產銷分工日益式微。

全球化的國際貿易日益式微，主要是因為彼此距離太遠，產銷結構發生改變。

以組成因素觀之，一是因為新興國家成本低，企業開始往新興國家聚集；二是因為企業不願意做遠程投

資，開始做短程投資或區域投資；三是因為製造業開始跨足買賣業與服務業，不再是純製造業。因為買賣才是王道，製造只是周邊附加。純製造沒有未來。

若以結構性因素觀之，一是因為全球供應鏈萎縮，取而代之的是區域供應鏈成長。

二是因為全球供應鏈下，光是運費與關稅，成本就高，更何況中間還會經過很多剝削，要降低成本，幅度有限。若在區域供應鏈下，通路縮短，少了中間剝削，成本就低，運費與關稅也會降低，關稅甚至可以為零。

三是因為全球都在熱衷區域保護政策，革除外來者。

四是因為新興國家的金融體系日益成熟，有助於產業鏈區域化。產業鏈區域化，金融體系也能更加靈活運用。

而台灣在國際產銷分工與全球價值鏈分工的參與度很高，因此當國際產銷分工與全球價值鏈分工的成長速度在下降，我們就要趕快轉變，加大區域布局。若是沒有進行區域布局，就會受到很大的衝擊。

近年來全球主要經濟體為了創造就業機會，開始追求「國內製造」，紛紛推動「供應鏈在地化」和「製造回

流」等政策，所以我們要趕快把我們的品牌做起來，否則就會愈做愈辛苦。因為當新興國家把它們自己的品牌做起來，把它們自己的供應鏈建起來，對我們的依賴與需求就會減少。這個現象已在東協國家日益顯著。

當然，我們若要到東協玩市場，也要在當地創品牌，如此才有競爭力。換言之，東協市場主要是平價市場，我們的品牌若是中高檔定位，賣到東協就會慘遭滑鐵盧，應該先在當地用平價品牌做市場，做到熟悉當地市場了，再了解當地符合我們中高檔品牌定位的目標市場在哪裡、價格為何，然後把我們的中高檔品牌帶進去。

任何想讓公司業績、獲利倍數成長，或走向國際化的企業，都要採行短鏈經營模式。

而我早在 1990 年代，就在我所主持、輔導的企業，全力倡導這樣的經營模式。當時我會在海外客戶端附近建立公司的生產據點或供貨據點來就地生產、就近供貨，因此公司能快速創造出非常亮麗的經營績效，業績與淨利都能成長數倍、乃至數十倍以上，在全球的市占率也就不斷擴大。

所謂的生產基地，過去大家比較常聽到的是，中國是全世界的生產基地，而現在這個全世界的生產基地漸

漸由印度取而代之。

　　要成為全世界的生產基地，首先，整個產業鏈的上、中、下游到末端，必須是完整的產業聚落建置，我們稱之為完善的中衛體系。當整個中衛體系是完善的，我們就能得到最低的生產成本、最佳的生產效率。

　　再加上能成為全世界生產基地的國家，過去多半是開發中國家，開發中國家能夠享受到優惠的低關稅待遇，如此一來，全世界的訂單就會快速進來。

　　換言之，許多先進國家的企業基於就地生產成本過高，不想就地生產，就會移轉到亞洲國家下單採購。然而，這樣的現象在 2020 年疫情爆發後，就被全部打破了。因為供應鏈斷鏈、物流鏈斷鏈，導致產品做不出來，即便做出來了，也沒有辦法運出去。

　　因此，2020 年至 2022 年全球的航運價格會飆漲得這麼高。這也促使企業靜下心來思考，是不是還要接受這樣的經營模式。因為這樣的經營模式會造成只要我們的供應源一出狀況，我們就會遭殃，因此愈來愈多企業開始意識到區域經濟體的經營與就近供貨的短鏈是現在的主流。

區域經濟體就意指每個地區都會有的經濟共同體，經濟共同體之下，大家彼此之間建立區域內的供應鏈與優惠關稅，就能縮短交期、降低成本。

　　這也會加速在地化的風潮，諸如台積電現在在全世界各地設廠，雖然台積電的產品從台灣出口會被課關稅，但是因為它的產品單價高，且大家對它的產品有必要的需求，再加上大家無法在自家國內取得，因此就不敢對台積電的產品課高關稅。

　　可是如果是一般製造業，諸如紡織品，大家都可以做，就會被課高關稅。這也是台灣的傳統產業在企業經營上愈做愈辛苦、愈做愈沒落的主因。

　　不過，台灣也有不少了解全球經營環境變化趨勢與產業變化趨勢的企業早就在全世界各地布局了，諸如紡織產業的聚陽與儒鴻，因此能擺脫傳統產業愈做愈辛苦、愈做愈沒落的命運。這也可見，台積電現在才到海外布局，其實算是晚了。

　　其實在過去，我們把生產基地放在中國，從中國出貨全世界，做國際貿易，就可以吃香喝辣。不過，隨著各國漸漸覺醒，區域經濟體盛行貿易保護政策，傳統的國際貿易、產銷分立就不再是萬靈丹，短鏈經營才是王

道。

短鏈經營是要就近供貨與在地化。就近供貨與在地化，不只適用於產銷運作，勞動力也要在地化。因為台灣的工資雖然不高，但是若與新興國家相比，算是高的，而以這種工資的成本去做產出，成本自然降不下來，報價也就報不出去，若報得出去，出貨到客戶的倉庫，還要被課關稅，成本就又被墊高。

相信懂貿易的人都知道，這是雙重的成本增加，對進口成本是不利的，因此我們除了要到當地建立我們的產業鏈、發貨倉之外，我們也要啟用當地人。

不要再迷信只用台灣人，因為現在的台灣年輕人普遍缺乏國際觀。當然，過去的人國際觀可能更不足，但是因為過去是全球化的國際貿易時代，所以還好，現在就不一樣了。

現在是全球化的國際貿易式微，短鏈化的區域經濟正在興起，因此這麼多年來，我主持或輔導企業，在國際布局上，都會啟用當地人。在先進國家，我會啟用該國附近國家的人。在新興國家，我會啟用當地菁英。如此，我的用人成本就會比台灣低。

正如在印度啟用一個業務經理，月薪才 3 萬元，但在台灣啟用一個業務經理，月薪沒有 8 萬元，根本找不到，這就是管理費用的增加。

當然，我們想要啟用當地勞動力，不一定只能到當地找，可以從台灣的大專院校來找人才。因為現在來台灣留學的外籍生很多，我們可以讓他在大三、大四就到公司來工作、實習，並讓他在我們身邊待 3 至 5 年，從 3 至 5 年的相處，我們就可以看出他的企圖心、能力及人格特質，然後依此決定要不要派他回他的母國，作為我們力量的延伸。

如果這個人是可以的，我們派他回他的母國的做法有二：一是直接在當地雇用他；二是導入分權管理的內部創業制，讓他不僅可以分享利潤，也可以投資他所主導的公司，也就是我們的分公司，這樣就變成我們和他在當地合資成立分公司。這個分公司的出資額是六四黃金比率，也就是我們（台灣總部）占六成，他占四成，並掛總經理。

這就是用人在地化的運作。因為啟用當地人，當地人會講當地語言，也懂當地的風土民情與文化，還擁有當地人脈。若是我們啟用台幹，他就要花很多時間去熟悉，且不容易融入當地，如此就很難做到當地人的生意。

若以就近供貨觀之，我們如何做到就近供貨？最有效的方式就是在客戶端附近設保稅發貨倉（Bonded Warehouse），把貨拉到保稅發貨倉備貨。

對於保稅發貨倉，當我們的客戶下單量還沒有很大，我們的生意還沒有穩定下來時，可以不用自己設，可以找大型物流業者，租他的保稅發貨倉來備貨，如此就能就近放貨。

這樣的運作方式，我早在 1990 年就開始做了，所以當時我主持的企業，業績都能翻百倍。

雖然很多人都覺得不可思議，但是我確實做到了，因此不論是內銷或外銷，不論是製造業、買賣業、零售流通業或電商產業，所有企業都要意識到短鏈革命正在翻轉全球產業，我們應該趕快進行國際布局，跨境經營，對我們的供應鏈棄長求短，如此才有競爭力。

## 宏全
### 台灣最大飲料包材廠

◆ **公司經營理念**

　　誠信、創新、品質、服務、積極、負責

◆ **公司願景目標**

　　以國際化前瞻性眼光,展開全球布局。

◆ **公司發展沿革**

| 年份 | 重要大事紀 |
|------|-----------|
| 1969 | 台豐工業社於彰化市成立。 |
| 1978 | 改組增資更名為「宏全企業有限公司」。 |
| 1982 | 遷廠至彰化縣秀水鄉,更名為「宏全實業股份有限公司」。 |
| 1983 | 積極擴充鋁蓋製造設備,並引進彩色收縮商標印刷設備及周邊之加工設備。 |

精準獲利

| 1984 | 鋁蓋及標籤榮獲國際可口可樂、百事可樂及七喜等國際飲料公司認證合格，成為全國唯一榮獲國際知名飲料公司授權認證之供應商。 |
|---|---|
| 1988 | 台中工業區廠房完工，正式遷廠。 |
| 1991 | 更名為「宏全金屬開發股份有限公司」，引進義大利鋁蓋高速製造設備及英國高速凹版印刷設備，使瓶蓋及收縮商標產能大幅擴增，堪稱為國內最大瓶蓋專業製造廠。<br>引進英國全自動電腦控制之安全鈕爪蓋製造設備及技術，研究開發成功安全鈕爪蓋之耐高溫、耐酸性內墊，使安全鈕爪蓋技術品質領先同業。 |
| 1992 | 購買台中二廠，積極開發拉環蓋、長頸鋁蓋、塑蓋及印刷設備，並增購一套安全鈕爪蓋機械設備加入生產。 |
| 1993 | 自歐洲引進長頸酒蓋自動生產設備，專司製造高級酒類用瓶蓋。 |
| 1994 | 自歐洲引進多層熱縮薄膜之製造技術及設備，同時並自國外引進先進之塑膠瓶蓋技術及生產設備。<br>增設拉蓋設備，提供100% 果汁及機能飲料之使用。 |
| 1995 | 塑膠瓶蓋榮獲國際百事可樂公司品質認證合格，並授權製造供應其裝瓶廠使用。 |
| 1996 | 塑膠瓶蓋榮獲國際可口可樂公司品質認證合格，為台灣唯一榮獲此品質合格廠商。 |
| 1998 | 成立電子零件包材廠，生產電池罐體電子零組件。 |
| 1999 | 更名為「宏全國際股份有限公司」，邁向國際化經營為目標。 |
| 2000 | 擴建廠房，投資生產PET耐熱結晶瓶，可搭配公司瓶蓋與標籤，提供客戶整合性包裝之服務。 |
| 2001 | 股票掛牌上市。<br>增設抗靜電薄膜設備生產抗靜電薄膜，獲得國內TFT-LCD 大廠認證合格，開始量產交貨。 |

| 2002 | 為發展大中華市場，購買宏全企業（蘇州）有限公司股權，成為公司之子公司。 |
|------|------|
| 2003 | 成立宏全（中國）控股（股）公司，控股宏全企業（蘇州）有限公司及新設立之蘇州宏星食品包裝有限公司、宏全企業（長沙）有限公司、宏全食品包裝（太原）有限公司與宏全食品包裝（濟南）有限公司，以達成集團整合發展大中華市場之目標。 |
| 2004 | 成功推廣In-house策略聯盟業務，共增加4條吹瓶生產線於統一楊梅、瑞芳廠及可口可樂高雄燕巢廠。<br>成立宏全（亞洲）控股公司，旗下包括宏全泰國廠、泰國宏福廠及宏全印尼廠，生產飲料包材，發展除中國外之其他亞洲市場。<br>成立台灣、大陸及東南亞營運總部。 |
| 2005 | 成立宏全（寧波）科技有限公司，生產電池罐體電子零組件。 |
| 2006 | 增設4條礦物質水生產線，分別於蘇州宏星廠、長沙宏全廠、濟南宏全廠及太原宏全廠。<br>於台中港加工出口區設立中港分公司，投資1條無菌飲料生產線及2條冷藏飲料充填生產線，提供客戶無菌飲料充填，PET瓶、塑蓋、標籤之全方位服務。 |
| 2007 | 宏全（亞洲）控股公司旗下新增越南宏全有限公司，生產飲料包材。 |
| 2008 | 成功推廣2條In-house吹瓶生產線於可樂桃園廠與真口味龍泉廠。 |
| 2009 | 於中國廣州新增宏全食品包裝（清新）有限公司，生產塑蓋、瓶胚及提供飲料代工服務。<br>新設宏全台南廠，為可口可樂提供飲料充填代工服務。 |

| | |
|---|---|
| 2010 | 於台灣新設宏全台南廠一條CSD碳酸飲料代工生產線及黑松中壢廠、光泉嘉義廠各一條In-house吹瓶生產線。<br>宏全印尼廠與印尼Futami合作設立In-house吹瓶生產線。<br>成立宏全西安廠，提供客戶瓶胚、吹瓶及包裝水代工服務。<br>與中國百事可樂蘭州廠及昆明廠合作設立In-house吹瓶生產線。 |
| 2011 | 與中國今麥郎鞏義廠合作設立In-house瓶蓋生產線。<br>新設馬來西亞宏全股份有限公司，生產瓶蓋、瓶胚產品，以供應馬來西亞市場，並與馬來西亞Cocoaland合作設立In-house連線吹瓶廠。<br>於台中港加工出口區設立無菌飲料二廠，提供客戶充填代工服務。 |
| 2012 | 於中國福建漳州新設宏全食品包裝（漳州）有限公司，投資無菌飲料生產線。 |
| 2013 | 於台中無菌飲料二廠增設第三條無菌飲料充填生產線。<br>於中國安徽滁州新設宏全食品包裝（滁州）有限公司，投資塑蓋、瓶胚、蓋帽生產線。<br>於緬甸設立宏全股份有限公司，投資塑蓋、瓶胚生產線。 |
| 2014 | 於中國湖北新設宏全食品包裝（仙桃）有限公司，投資無菌飲料生產線。<br>宏全印尼增設泗水廠，投資無菌飲料生產線。<br>於柬埔寨設立宏莉食品飲料股份有限公司，發展食品飲料業務。 |
| 2015 | 設立台中營運總部與無菌飲料二廠自動倉儲。<br>泰國宏全與泰國Foodstar合作設立In-house連線吹瓶廠。 |
| 2016 | 緬甸宏全與緬甸KH合作設立In-house連線吹瓶廠。<br>投資宏鑫控股有限公司，於非洲莫三比克生產銷售飲料包材，發展非洲市場。 |

| 2017 | 泰國宏全與泰國Tensai合作設立In-house連線吹瓶廠。<br>於緬甸新設宏華控股公司，投資瓶裝水生產線。<br>於中國河南新設宏全食品包裝（漯河）有限公司，投資瓶裝水生產線。 |
|------|------|
| 2019 | 越南宏全與越南Masan合作設立In-house連線吹瓶廠。<br>於柬埔寨設立宏全股份有限公司，投資瓶胚生產線。 |
| 2020 | 於台中無菌飲料三廠增設第四條無菌飲料充填生產線。<br>於印尼泗水無菌飲料三廠增設第二條無菌飲料充填生產線。<br>於印尼與Sosro合作設立無菌飲料充填生產線。<br>與中國最大調味品大廠合作設立廣東佛山廠，設立調味品包材生產線。 |
| 2021 | 於日本成立辦事處。<br>於台中港自由貿易港區設立宏全自貿廠，投資瓶胚生產線，供應外銷市場。 |
| 2022 | 於台中港自由貿易港區設立宏全自貿廠二期，建置冷鏈倉儲物流中心。<br>於中國安徽滁州新設滁州宏全二廠，投資飲料包材生產線。<br>於中國福建漳州廠增設第二條無菌飲料充填生產線。<br>於中國浙江新設宏全食品包裝（衢州）有限公司，投資飲料包材生產線。 |

## ◆ 公司經營重點變化

宏全是做瓶蓋起家，1969年成立工業社，1978年改制成有限公司。可見，創業最好不要登記成行號，諸如某某社、某某行、某某店、某某商號，因為那是無限責任。

　　無限責任就意味著若有債務，私有財產要拿出來賠光。應該登記成有限公司或股份有限公司，那才代表有限責任。有限責任就意味著若有債務，債務僅止於公司而已，私有財產不必拿出來賠。

　　宏全在 1984 年得到國際飲料大廠的認證，因此能吃香喝辣，快速獲利，在 1991 年變成瓶蓋製造大廠。

　　1998 年宏全開始跨業發展，不再只做飲料產業，還跨足做電池產業。

　　1999 年宏全開始國際化發展，2002 年跟著統一進入中國，隨後延伸做飲料充填代工與吹瓶，建立一條龍服務。

　　2003 年宏全成立控股公司，把中國所有事業整合在控股公司統籌。這是鑒於中國對台商會予取予求，對外商不會，再加上中國給外商的投資優惠條件也優於台商，因此當時我是建議它在租稅天堂成立控股公司，以代表人是西方人的控股公司名義進入中國。

　　2004 年宏全進入東協的泰國與印尼，也是以控股公司的名義進入。後來則在台灣、中國、東協成立 3 個營運總部。

2004 年也是宏全的轉捩點。因為啟動 In-house（廠中廠）策略，奠定了日後在市場上屹立不搖的地位。

In-house 策略最早起源於 1991 年我輔導它時給的提點。因為傳統做飲料包材，都是先在母廠做好，再運送到客戶端充填、加蓋，如此就要花費很多包裝、運輸成本，也要坐等客戶下單。

然而，對飲料業者而言，前段的瓶身與後段的瓶蓋並不是它的價值，它的價值主要在中段充填的內容物，因此宏全直接把機台設備設在客戶工廠內，再派一組人駐廠提供瓶蓋、標籤、瓶身、充填代工服務，幫客戶省下機台設備與運費，條件是一次簽 5~10 年中長期合約，如此就能創造雙贏局面，也能讓客戶不離不棄，因為產線在一起，必須生死與共。

換言之，飲料業的上游是原料與包材供應，中游是充填包裝，下游是品牌銷售。以生產流程而言，前段是瓶胚吹瓶，中段是飲料充填，後段是瓶蓋加蓋。

宏全最初只做瓶蓋，後來為了因應客戶需求，加做了飲料包材（瓶蓋、標籤、瓶身）的組合銷售，如此，前段與後段就由宏全包辦，客戶只要做中段即可。後來又加做了飲料充填代工，如此就形成一條龍服務。

再後來宏全更加做了駐廠服務，直接在客戶的工廠內生產瓶蓋、標籤、瓶身等飲料包材，如此，客戶在產線前頭將飲料充填好，宏全在產線後頭直接加蓋，就能立即出貨。

這樣的創新經營模式就讓宏全擁有可口可樂、統一、光泉、黑松等長期穩定的飲料大廠客戶。憑藉著 In-House 策略實證有成，宏全也開始不斷往海外複製移植，先後在印尼、馬來西亞、泰國、緬甸、越南設立 In-House 生產線。

然而，2013 年宏全遇到重大危機。原先是宏全大客戶的統一集團，將訂單轉移到自家旗下的統一實業，就造成原本占宏全在中國整體業績 50% 的統一訂單，在 2 年後僅剩 3%。可見，只做代工產業，太依賴單一客戶，當這個大客戶轉單，業績就會驟降。

然而，只要是採行產業鏈整合模式的大集團，都會如此操作。統一集團是如此操作，鴻海集團也是如此操作。

統一集團是對於新品開發，先委外做來試市場水溫，當市場反映可以獲利，再收回來自己做。鴻海集團是用訂單養供應商，當供應商被養到形成一個規模經

濟，就要求供應商要接受它的併購，否則它就抽單，通常供應商為了生存，都會順從地被併購。

所幸宏全做了策略調整，化危機為轉機。宏全從業績驟降中體認到，幫客戶代工，客戶終有一天會基於成本考量而轉單，因此痛定思痛下，就調整了策略，不再把所有雞蛋都放在同一個籃子裡，開始分散風險，開發多個新客戶，將之經營成主要客戶。

結果花了 3 年時間，總算把流失的業績補回來，並且推上新高。同時又以合作合資的方式進行國際布局，從中國、東協擴及非洲，因此能長期穩健地吃下一筆筆訂單。

可見，開發新市場、新客戶是公司能否永續存活的重要關鍵。不要拿「開發新客戶很困難」當藉口。只要用心去做，不管什麼行業，市場客戶都是多到做不完的。只有守在原地，才會坐以待斃。

除開發新市場、新客戶外，宏全也不斷整建供應鏈，使之趨於完整。宏全就是憑藉完整的供應鏈，快速成為全台最大飲料包材廠。若要再做大，宏全在本業上就要建立自有品牌，以自有品牌進入通路，同時不斷以同心圓模式做跨業發展。

#### ◆ 觀察評估解析

宏全初期是一家小小的工廠，在廠內做好瓶蓋之後，才運送到客戶的工廠。我開始協助它之後，發現這不是有效益的運作模式，就提點它要將瓶蓋拉到客戶端，也就是要將它的產線拉到客戶的工廠內，客戶的飲料經過充填後，它直接蓋上瓶蓋，就變成成品，可以直接出貨，如此就省掉瓶蓋的運輸成本。

宏全接受我的提點，啟動 In-house 策略，在客戶端都設了配合的加工廠，讓客戶不需要再買設備，就可以得到很好的效果，因此幾乎所有有相關需求的客戶都變成它的忠實客戶。

接著，我就再提點它，不只做瓶蓋，連瓶身也可以做。換言之，不只做後段，連前段也做，客戶只要做中段的飲料充填就好，這就是就近供貨與短鏈經營的運作模式。

而宏全也憑藉 In-house 策略，不需要自己花大錢蓋工廠，只要直接把機台設備搬至客戶的工廠、團隊派駐到客戶的工廠，生意就不會丟失，因為它的產線是依附在客戶的工廠內。再者，只要客戶在海外有工廠，宏全進駐後，也可以立即國際化。

當然，In-house 策略不只適用於製造業，也適用於買賣零售流通業。製造業是用在我提供產線的前段與後段，你（客戶）提供產線的中段。

　　零售流通業則是用在我提供平台，讓你有一個場地可以銷售你的產品，不需要自建一個賣場。諸如我是百貨公司，我就提供一個專櫃給你當賣場，但是你所有的交易都要開我公司的發票，我也會要求包底抽成。電商平台也是如此運作，也會要求包底抽成，這不是合不合理的問題，而是市場行情的問題，生意好的平台抽成就高，生意不好的平台抽成就低。

　　除 In-house 策略外，宏全也朝上游做垂直供應鏈的整合，但尚未朝末端做水平通路鏈的整合。宏全朝上游做垂直供應鏈的整合，主要是為了填補客戶的不足，諸如客戶做茶飲料，它就做果汁飲料，藉此建立自有品牌的地位，擺脫代工的困境。

　　這也可見，整合已成為 21 世紀的主流。整合可分成技術面的科技整合與功能面的科際整合。功能面的科際整合就意味著我們要變成多能工，不能過度專業專精，否則會失去很多常識，變成井底之蛙。

　　而供應鏈的整合，除併購外，也可以啟用合資

（Joint Venture）。合資中，有一種模式稱虛擬合資。虛擬合資就是一條產線看似你我雙方合資，實則只有其中某一部分是我出資，另一部分是你出資，不是實際合資。正如宏全就是產線的前段與後段是它出資，中段則是它的客戶出資，雙方共同來建立整條產線。

再者，到東協等新興國家布局，基於當地政府為了保障國人權益，對於某些產業會限制外資持股比例，如此，我們也不能直接併購，只能合資。

而合資公司的持股，基於當地政府為了讓國人擁有控制權，會不准外資持股 50% 以上，如此，我們最多就只能持股 49%。我們若要擁有控制權，就要上有政策、下有對策，諸如變相找一家公司作為我們的代理人，讓持股 51% 的合資夥伴釋出 20%~30% 的股權給我們的代理人，如此，我們就擁有控制權。

除 In-house 策略外，宏全也開發高毛利的新品，結合科技來創造產品的新價值，諸如 2016 年推出 QR Code 防偽蓋，立即收獲新客戶大量訂單。可見，當我們仍在延續過去的經驗優勢，沒有改變，就會在紅海市場中面臨被殺價轉單的困境。當我們結合科技來創造我們產品的新價值，就能搶先在藍海市場立地為王。

綜觀宏全的成長歷程，宏全是在 2003 年先讓本業國際化，在 2006 年跨業發展，接著在 2007 年以結盟的方式快速跨業發展，隨後在 2008 年則以整併的方式布局全球，擴大版圖。

宏全透過併購、合資、結盟等方式快速發展國際化與區域在地化，能不失控，主要是因為有 BU（事業部）制奠基。宏全遍布全球各地的據點都是導入 BU 制，自負盈虧，創利分享，因此營收能在股票掛牌上市後，快速突破 100 億元、200 億元門檻，也減少管理成本與程序。

換言之，BU 制下，即便公司的組織規模擴大，公司的管理成本也不會隨著組織規模的擴大而增加，反而會減少。因為 BU 制下，一個大集團裡有很多個小公司（BU）各自獨立運作，集團總部就不需要管，只要引導大方向即可，如此，管理成本就低。

若是公司守在中央集權，什麼都要管，管理成本就高。若是公司守在中央集權，不願意為了留住優質菁英而共享利潤，中央集權就會讓公司有一時榮景，但是等到要擴大出去時，就會因為沒有人才而陷入瓶頸。

　　而宏全要快速發展國際化與區域在地化，就要有經營管理團隊來支撐。我輔導它時，協助它建立公司的職涯發展體系之餘，因為正好是貿協的顧問，因此也幫它引進 ITI 培訓出來的學員，但是我也提醒它要下功夫自己培養，若要往東協與南亞發展，可以直接啟用當地菁英，因為把在台灣付得起的薪資用在當地，就可以找到很多菁英。

　　宏全落實了，建立了自己專屬的培訓中心，開始自己培養自己的人才，因此可以快速國際化。若是宏全沒有建立自己專屬的培訓中心，仍在需要國際化人才時就找空降，公司就會變成八國聯軍，因為空降人員的水土不服，導致公司內部文化衝突不斷。

　　那麼何時需要建立自己專屬的培訓中心？通常撇開生產線作業員不算，當公司人數達到 300 人以上，在各功能面就有很多主管要培養，此時建立自己專屬的培訓中心，這個培訓中心的價值與效益才能發揮出來。

　　對於經營管理團隊（協理、副總、總經理、董事長），宏全則是將之培養成全方位都懂的全才，因為這些人要組成公司的經營決策小組，研討公司的未來發展布

局規劃，當全方位都懂，站在同一個水平看事情、討論事情，才會順遂。若是過度專業專精、水平參差不齊，就會雞同鴨講，甚至變成井底之蛙，把公司帶向滅亡。

綜言之，飲料產業是紅海市場，市場競爭激烈，會陷入價格戰，若是用價格來競爭，就會降低利潤。再者，代工的宿命就是只能賺微薄的利潤，並且客戶會殺價，當我們不降價，客戶就會轉單。因此，宏全在飲料產業做代工，能一躍變成台灣瓶蓋王，勝出關鍵就在積極轉變與轉型，不僅跳出紅海市場，玩藍海市場的差異化，提供一條龍的全方位服務，也與大品牌為伍，接近市場，就近供貨。可見，我們若還在從台灣或中國出貨全世界，就會日益沒落，必須做區域在地化布局，才能再創輝煌。

個 案 解 析

# 大毅科技
## 世界級被動元件大廠

### ◆ 公司經營理念

團隊、創新、質優、服務、共享

### ◆ 公司願景目標

持續以踏實的腳步穩健經營，在技術上積極創新及更佳的團隊陣容、勇敢面對未來的挑戰，在全球光電領域為消費者創造更佳的福址。

### ◆ 公司發展沿革

| 年份 | 重要大事紀 |
|------|-----------|
| 1989 | 為嚮應政府獎勵策略性工業5年免稅政策，成立大毅科技專業製造晶片電阻，資本額3750萬元。 |
| 1990 | 開始生產排列電阻。 |
| 1995 | 長興廠廠房擴建至6樓。 |

| 1997 | 新品「高壓電阻」量產上市。 |
|------|------------------------------|
| 1999 | 股票掛牌上櫃。 |
| 2000 | 經投審會核准透過大毅控股（薩摩亞）（股）公司轉投資中國蘇州，成立大毅科技（蘇州）電子有限公司，以生產晶片電阻器。 |
| 2001 | 上櫃轉上市。 |
| 2002 | 經投審會核准透過大毅國際（BVI）有限公司轉投資中國東莞，成立大毅科技電子（東莞）有限公司，以生產晶片電阻器。<br>率先同業全面導入無鉛製程，以符合環保法令要求。<br>低溫製程全面導入。 |
| 2005 | 發表0402晶片保險絲、NTC熱敏電阻、抗流線圈、薄膜高頻元件等新品。<br>為符合國際品質系統文件之需求及演進及國際汽車產業特殊要求，積極推動TS-16949以過程為基礎的品質管理系統。 |
| 2006 | 通過UL汽車業品質系統TS-16949認證，正式跨入國際汽車產業。 |
| 2007 | 轉投資取得大益電子廠（馬）股份有限公司49%股權。 |
| 2008 | 發表MSA、UMSA靜電防護元件及RBL金屬膜晶片微歐姆電阻。 |
| 2010 | 推出高功率LED陶瓷散熱基板，並發表其製程技術再升級，加速產品生產效率。 |
| 2011 | 發表RBL最新規格。<br>發表低成本之高功率LED封裝技術。<br>參加台灣顯示器光電展。<br>取得「陶瓷散熱基板之導電插孔的形成方法」專利權。 |
| 2012 | 參加日本LED Nest Stage展覽。<br>參加德國慕尼黑電子展。 |

| 2013 | 購置土地及南山廠廠房5億元，以擴充LED產能。 |
|------|--------------------------------------------|
| 2018 | 轉投資取得展新感測原件有限公司100%股權。 |
| 2019 | 獲頒全球首張抗硫化晶片電阻（RMS），符合AEC Q200標準IECQ AQP汽車電子品質認可證書。 |

### ◆ 公司經營重點變化

　　大毅科技是台灣最早投入晶片電阻的製造商，至今能成為全球第二大SMD厚膜晶片電阻製造供應商，在台灣、中國、馬來西亞、印尼皆有設廠，並且發展勢頭仍然很好，沒有被電子產業的起起落落拖累，主要是因為沒有死守在被動元件的電阻器上。

　　我主持大毅科技時，大毅科技只做電阻器，後來我觀察到被動元件應用的3C產品會陷入價格戰，為了避免被拖累，2003年就從被動元件領域跨足保護元件領域，隨後看好LED市場，也跨足LED照明產業散熱模組領域，並且隨著產能與市占率逐年向上攀升，擴廠選定在台灣，導入工業4.0，新建全自動化工廠，不再需要雇用大量人力，只需要雇用十幾個工程師即可，不僅少了缺工困擾，用人成本也降下來，因此業績與獲利能不斷成長。

而在被動元件、保護元件等領域的深耕與扎根下，大毅科技也將朝著被動元件、保護元件、感測元件等產品應用多元化和新規格的技術開發，同時加強海外重要區域市場的布局，以期創造公司利潤最大化。

### ◆ 觀察評估解析

　　我主持大毅科技時，雖然台灣的廠是最多的，但是我們也在中國、馬來西亞、印尼設廠，因為電子零組件出口的關稅雖然不會很高，可是如果主要客戶的工廠在哪裡，我們的工廠就設在他工廠的隔壁，做到一天交貨，而且不需要他備庫存，我們備庫存支援他，他就會對我們產生依賴，如此，他需要的電子零組件就會全部都跟我們買，而不會跟別人買。

　　換言之，被動元件，很多工廠都在做，我如何將大毅科技經營成台灣被動元件的前三大，就是為了服務主要客戶，啟動短鏈模式，將工廠設在主要客戶隔壁，就近供貨。

　　再者，大毅科技雖然是世界級被動元件廠，但是仍是衛星廠，因此主要客戶（中心廠）在中國，公司就要在中國設廠；主要客戶在馬來西亞，公司就要在馬來西

亞設廠；主要客戶在印尼，公司就要在印尼設廠。

畢竟客戶要的是今天開了工單，明天料就要到，因此公司若是沒有在客戶隔壁設廠，還在玩國際貿易，從台灣出貨，30 天才能到貨，就會緩不濟急，客戶就會轉單。

而工廠散布在海外，我從未親臨廠區，如何讓海外工廠各自運作而不失控？靠的就是集團總管理處的統合管理。

在集團運作上，總管理處是必備的，集團經營的成敗在集團總管理處，不在 BU（Business Unit；事業部）。集團總管理處要下設統合部，並且統合部各自的職能要界定清楚，整個集團所有相關功能部門與 BU 的職責也要規劃清楚，由集團總管理處的統合部來協助督導各個BU，如此，集團要做大，才無後顧之憂。

我在大毅科技建立的統合部分別是行銷統合部、產銷統合部、品保統合部、資材統合部、人資統合部、財會統合部、資訊統合部。其中，行銷統合部負責接單，行銷統合部接到訂單之後，就轉給產銷統合部發單給外頭的工廠來生產組裝，就近供貨。

我則只管總管理處，外頭的工廠都是設立執行副總來自主管理，我只要運用 EIP（Enterprise Information Portal），不需要實際到現場 Face to Face，在線上就可以管控台灣、中國、馬來西亞、印尼等所有工廠的運作。

　　換言之，我在大毅科技是導入分權管理，成立集團總管理處，把工廠切出去，每一個工廠都是一個 BU，BU Head 是以執行副總的身分經營 BU，每個 BU 都掛在集團底下，由集團總管理處統合管理，因此集團能不斷做大，BU 在發展上來之餘也不敢為非作歹。

　　再者，大毅科技的海外工廠都不需要外派台幹，都是啟用當地華僑，只有在中國的東莞廠與蘇州廠，初期需要台幹，但是慢慢地台幹的占比就愈來愈少，光是如此，費用就可以省很多。

　　相信曾有外派台幹到海外駐點的企業都知道，派一個台幹出去，他們都要拿雙倍薪水，在台灣一個薪水，在當地一個薪水，但是啟用當地人，就沒有這個困擾。

　　換言之，在國際布局的短鏈經營上，我們不能再仰賴台幹來經營我們的海外據點，必須啟用當地人來經營我們的海外據點。用我們信任的台幹來經營我們的海外據點不是不好，而是當我們布局的據點若有數十個、上

百個，哪裡會有那麼多我們信任的台幹給我們用？因此還是啟用當地人最快。

　　啟用當地人，也不必擔心他在當地非為作歹。只要訂好遊戲規則，導入計畫經營，給他目標，再要求他達標，他要以什麼方法來達標，就是他的事情，我們只要管結果，不必管他怎麼做到。

# 華碩電腦
## 世界級主機板大廠

### ◆ 公司經營理念

人本、正道、品質、奉獻

### ◆ 公司願景目標

貫徹四大核心價值：謙、誠、勤、敏、勇，崇本務實，精實思維，創新惟美，成為數位新世代備受推崇的科技創新領導企業。

### ◆ 公司發展沿革

| 年份 | 重要大事紀 |
|------|------------|
| 1989 | 弘碩電腦成立。 |
| 1990 | 推出Cache386/33 和486/25 主機板，並運用於IBM 和ALR 產品。<br>推出EISA 486 主機板，成為日後全球最熱門主機板。 |

| 1992 | 正式與英特爾展開合作。 |
|------|------------------------|
| 1994 | 更名為「華碩電腦股份有限公司」。 |
| 1995 | 成為全球領導主機板品牌。<br>桃園蘆竹廠正式開工投產。 |
| 1996 | 股票掛牌上市。 |
| 1997 | 推出首款筆記型電腦：ASUS P6300。<br>新設桃園南崁廠、龜山廠。 |
| 1998 | 蘆竹新廠擴建完工。 |
| 2000 | 於中國、荷蘭、美國、捷克、澳洲及日本設立客服中心。<br>北投二廠興建完工。 |
| 2001 | 成立華碩皇家俱樂部，提供全天候技術支援和客戶服務。<br>台北廠興建完工。 |
| 2003 | 推出首款3G 掀蓋式手機：ASUS J100。<br>龜山新廠擴建完工。 |
| 2004 | 成為全球領先的VGA 顯示器製造商。 |
| 2006 | 創立副品牌：玩家共和國（ROG）。 |
| 2007 | 推出首款電競筆記型電腦：ASUS G1 和G2。<br>推出首款超低價筆記型電腦Eee PC，2008 年被《富比士》亞洲版評為年度最佳產品。 |
| 2008 | 分割品牌和代工：品牌業務留在華碩，代工業務分割給子公司和碩和永碩。<br>推出華碩雲端服務。 |
| 2010 | 創立副品牌：終極力量（TUF）。 |
| 2011 | 推出第一代Ultrabook：ASUS ZenBook UX21E。 |
| 2012 | 推出全球首款可拆式Ultrabook：ASUS Transformer Book。 |

| | |
|---|---|
| 2014 | 推出全新智慧型手機系列：ZenFone 6、ZenFone 5 及 ZenFone 4。<br>子公司宇碩電子與和泰汽車共同推出全球首款Toyota 智慧行系統，將華碩平板電腦無縫整合至車內，提供智慧行車體驗。 |
| 2015 | 於台北三創數位生活園區開設全球首家體驗店。 |
| 2016 | 與台北市政府、中央研究院及端昱半導體合作，推出第一個智慧城市空氣污染監測專案：Air Box PM2.5。<br>推出首款智慧居家機器人：ASUS Zenbo。 |
| 2017 | 組織改革，集團劃分為三大產品事業群：電腦事業群、行動運算產品事業群、電競電腦事業群。<br>與新竹市政府合作，推出全台第一個智慧城市公共數據平台。 |
| 2018 | 於日本東京開設海外第一家全方位直營旗艦店。<br>推出首款電競手機：ROG Phone。<br>電競筆電於東協印尼、菲律賓、越南、馬來西亞市占第一，於歐洲英國、法國、荷蘭、瑞典、葡萄牙、比利時、捷克、匈牙利、羅馬尼亞、塞爾維亞、俄羅斯、烏克蘭市占第一。<br>與台灣大哥大、廣達電腦結盟成立台灣人工智慧A Team，打造台灣首座AI超級電腦《台灣杉二號》。<br>再次組織改革：設立共同執行長；手機策略轉型計畫；AIOT新策略事業計畫，啟動團隊傳承與轉型，矢志成為電競及AIOT產業王者。<br>設立AI研發中心（AICS）。 |
| 2019 | 企業總部新建「立功大樓」正式啟用。<br>AIoT部門擴充升級為「智慧物聯網事業群」。 |
| 2021 | 偕醫界領袖發表五大智慧醫療成果：醫療資訊系統智慧平台、醫療大數據平台、智慧用藥安全系統、智慧編碼與醫療決策管理、個人化智慧健康管理平台，共同引領醫療數位轉型。 |
| 2022 | 與國衛院、NVIDIA合作打造台灣首座生醫專用AI超級電腦。 |

## ◆ 公司經營重點變化

華碩是做主機板代工起家，1997 年跨足做筆記型電腦，開始多角化經營。後來鑒於代工利潤微薄，又面臨中國同業的競爭威脅，再加上為了搶進中國市場，而多數中國消費者消費都是認品牌，因此就推出自有品牌「ASUS」，讓代工經營與品牌經營雙管齊下。

接著，為了擴充產能，也選了有地利之便、低廉勞動力優勢的中國設廠。在品牌經營上，則打造皇家俱樂部來做售後服務。

不過，隨著多角化經營，代工業務與品牌業務集於一身，每個產品線都獨立成一個事業部，複雜的組織與業務，就造成集團內耗嚴重，再加上品牌愈做愈大，引起客戶養虎為患的擔憂，這就迫使華碩不得不進行組織重整，將代工業務切割出去，讓華碩專注做品牌。

變形平板的推出，熱銷全世界，則讓華碩苦盡甘來。華碩也憑藉研發創新的核心價值，不斷突圍，從平板電腦拉抬筆記型電腦、智慧型手機的漲勢。

時至今日，華碩的多角化經營已從主機板、顯示卡、音效卡、電源供應器、儲存裝置、機殼等電腦零件，擴及筆記型電腦、顯示器、投影機、桌上型電腦、

平板電腦、智慧型手機等 3C 消費性電子產品，乃至網通、IoT（物聯網）、醫療器材軟體產品。華碩的電腦也從個人用、商用擴及電競用。華碩的海外據點更是擴及亞、歐、美、非等多個國家來就近服務、就近供貨。

現在的華碩不僅穩坐全球主機板第一大廠地位，也穩坐全球顯示卡前三大廠地位，更憑藉跨足電競領域，站穩全球 PC 前五大廠地位。

#### ◆ 觀察評估解析

華碩在 1990 年以前是純代工，因為代工的利潤太差了，所以就轉型做自有品牌，做了自有品牌之後，因為品質好、利潤高，華碩的 PC（Personal Computer；個人電腦）與 NB（NoteBook Computer；筆記型電腦）就受到全世界矚目，獲利也大增。

1990 年之後，智慧型手機出現，改變了所有一切，華碩發現只做 PC 與 NB 是不夠的，2003 年就開始加做智慧型手機，時至今日已變成台灣智慧型手機的領導品牌，受到全世界的更多關注。相較之下，曾經紅極一時的 HTC 反而銷聲匿跡。

其實 HTC 是有技術、有創意，日本、美國、台灣市場力挺它，它才能席捲全球，與蘋果平起平坐，股價也一路飆高，搶下股王寶座。後來會銷聲匿跡，就是因為沒有做好產品規劃，又見風轉舵地強調它是中國的品牌，才被它的粉絲嫌棄而沒落。

換言之，消費者的消費心理變化很快，一個產品可能因為消費者趕流行而一夜之間大賣；也可能因為消費者新鮮感退去而一夜之間消失，因此我們不能以為沒有規劃，仍能產品大賣，就沾沾自喜，必須做好產品規劃，穩扎穩打，才有持續力長青。

若以 PC 產業觀之，1990 年代的台灣，其實做 PC 的品牌廠商非常多，但是後來都曇花一現的暴起暴落，現在還活著的只有微星、技嘉、華碩、宏碁。

這些暴起暴落的 PC 品牌廠商都是風口上的豬，當風口（趨勢）站對了，商品做對了，產業做對了，順勢經營，就能飛起來。飛起來後，就自以為自己很偉大，不做規劃，因此當風停了，飛著的豬就會因為後繼無力而摔死。

不只有 PC 產業，任何產業都是如此，當我們因為現在一時大賺，就自以為自己很偉大，最後就會曇花一

現的暴起暴落。

而微星與技嘉沒有暴起暴落，主要是因為它們轉攻電競級電腦，先到藍海市場的東協稱王。華碩與宏碁因為只做商用及個人用電腦，沒有注意到這個市場，因此就略輸給技嘉、微星，等到想到東協分一杯羹時，微星與技嘉又憑藉這個從無到有、實證有效的經驗轉戰藍海市場的印度、中東、東歐來領先同業。

華碩因為國際布局做得早，產品線也擴大，同時因為穩坐全球主機板品牌龍頭地位，全球知名度高，因此會比只做終端產品的宏碁略勝一籌。

綜言之，華碩能有今天的規模，首先是它沒有守在本業的主機板，而是以同心圓模式發展出上游的相關零組件，以及下游的桌上型電腦、筆記型電腦、平板電腦、智慧型手機、周邊配件，不僅產品線完整，且具創新創意。

再者，華碩也發現到，Made in Taiwan 或 Made in China，再從台灣或中國出貨全世界，這樣是做不大的，因此就調整策略，在墨西哥、印尼、越南、印度等地都設立據點來就近供貨，因此華碩品牌能不斷在全世界發光發亮。

# 總結

　　企業要做大，機會一直都在我們手上，絕對不會沒有機會。而面對現在這個區域經濟為王、國際布局很重要的時代，要掌握機會，我們就要了解短鏈經營的運用模式，懂得去做整合管理來創造綜效。

　　以產業鏈整合而言，主要有三部曲，依序是：生產導向→品牌導向→通路導向，亦即先把產品做出來賣，賣到市場同質化產品變多，為了強調差異化，就要建立品牌。有了品牌，為了讓更多人看到，就要全通路都鋪。

　　這也可見，擁有品牌與通路才是老大，但是品牌與通路之間若要取捨，則是通路勝過品牌。因為產品再好、品牌再棒，都只是關起門來孤芳自賞，要鋪進通路，讓人看到、買到，才有價值。

　　而產業鏈整合，我們可以看到，日本也有一個實際案例，就是豐田式管理。

豐田式管理有一個非常重要的精神，就是零庫存管理。1978 年我開始主持製造業公司，當時製造業要做到零庫存管理，幾乎是不可能的事情，因此我就很好奇地開始研究豐田汽車，再加上我對日本很熟，看到日本愛知縣豐田市（TOYOTA City），才了解原來豐田市就是豐田汽車的總部及全球生產中心，聚集了上百家汽車相關工廠。

　　豐田汽車是將它上游的衛星廠、協力廠、供應商全部建立在它中心廠的周圍，因此它不需要備庫存，每天只要下製令到它的衛星廠，它的衛星廠收到物料需求單，就可以當天供貨，這就是零庫存管理的運作模式，也就是「犧牲衛星廠來壯大中心廠，死道友不死貧道，中心廠不備庫存，庫存由衛星廠備」的運作模式，所以我們若是成品製造商，就要學習效法之。

　　台積電就是學習效法它，因此到日本熊本設廠，不是只有台積電一家企業去，而是台積電上游與周邊的所有衛星廠都去了。它的整個產業聚落都在熊本落腳，因此熊本人口突然暴增，房價突然暴漲，日本政府也全力配合蓋了很多住宅區，來解決台積電上百位技術員舉家遷移過來的住宿問題。

　　這就是短鏈經營的一個發展模式。任何企業在做國際布局的短鏈經營時，都應該朝著這個方向做。

　　台灣的 IT（Information Technology）產業已經不在話下了。我們可以看到華碩在印度已經在強打它的品牌，但是它在印度並沒有設立很多工廠，它是做短鏈經營，將訂單交給印度廠商代工，這就與蘋果把訂單交給鴻海富士康代工一樣。

　　華碩是從製造業轉向品牌經營，開始在印度強打品牌，然後建立在地供應鏈，因此在印度的獲利遠高於它自製的獲利，也就是銷售利潤大過製造利潤。

　　因此，OEM（純代工）必須轉型成 ODM（模組）的OEM，否則就要全力拱大 OBM（自有品牌），如此才能在全世界闖出一片天。

**6**
Chapter

通路為王
運用虛實整合擁市場

# 經營策略的導用認知

企業經營要勝出，有四大關鍵，分別是：品牌有價，通路為王，商品命中，團隊優質。在談通路為王之前，我先對這四大關鍵做一個簡要說明。

第一個關鍵是品牌有價。其實這是很多企業都會有的困擾，因為我們的同業很多都會用價格戰的方式，諸如降價、第二件五折、買一送一等，來吸引消費者。

而懂經營的人都知道，其實我們可以避開價格戰的困擾。首先就是我們的商品、公司本身在市場上的定位要清楚。再來就是我們要建立品牌，創造差異化。如果我們不建立品牌，就會永遠深陷在價格戰的困局中。

台灣的製造業，尤其是代工業者，自 1980 年代開始，就非常習慣面對買方壓低價格，尤其是台商，最大的弊端就是為了拿到訂單，不擇手段地降價，導致大家在搶單上一直深陷困擾。

我的做法是不去做無謂的割肉求單，因為降低我們應有的利潤，以致變成薄利多銷，是一種錯誤的做法。這在 1980 年代或許有效，但在 21 世紀的當下就不再是萬靈丹。我們不應該再降價求售，應該尋求如何不降價求售的方法。最簡單有效的方法就是建立品牌。有品牌，買家就不易比價、殺價。

第二個關鍵是通路為王，其實就是「誰擁有通路，誰就是老大」。台灣現在的零售通路霸主就是統一超商與全聯，它們都是透過通路建立企業的勢力與影響力。

過去我主持連鎖產業，也是用這個方法，讓我主持的企業快速變成業界前三大，諸如寶島眼鏡、大學光學、小林眼鏡、詩威特國際美容。它們都印證了誰有通路，誰就有影響力，而沒有品牌與通路的人，只好依靠他人。

不僅實體通路是如此，虛擬通路也是如此。電商通路的 momo、蝦皮、PChome、Yahoo 奇摩、創業家兄弟（生活市集、松果購物）就印證了誰掌握平台，誰就是老大。

台灣很多玩電商的人自己不會建置平台，也沒有通路經營的概念，就只好依附這些大型通路平台，到它

們的平台上架銷售，如此就會被它們予取予求。平台的抽成約在 25%~40%，如果企業的毛利率沒有在 60% 以上，到這些線上通路平台上架銷售，根本賺不到什麼錢。

若以實體通路觀之，目前最大且最具有代表性的線下通路平台就屬美妝百貨的寶雅、五金百貨的小北。如果我們做實體通路，要到這些線下通路平台上架銷售，一樣會被抽成，因此掌握通路是一個很重要的勝出關鍵。

第三個關鍵是商品命中。因為商品對了，就贏了一半。商品要對，商品就要命中。

很多人常問我：「商品要怎麼做，才會命中？」其實關鍵在於我們有沒有落實行銷管理的十大步驟。行銷管理的十大步驟，簡述如下：

STEP 01：落實市場調查
STEP 02：進行市場區隔
STEP 03：確認目標市場
STEP 04：進行市場定位
STEP 05：規劃產品組合
STEP 06：進行產品開發
STEP 07：取得產品的方法
STEP 08：重視商品化規劃

STEP 09：進行商品行銷策略

STEP 10：落實商品銷售管理

從行銷管理的十大步驟可見，現在這個時代不再是專業專技、職人式的商品開發出來後，再拿到市場上強推強銷，就可以經營得很好了。

過去是 B2B（Business to Business）、B2C（Business to Consumer）當道，賣方市場當道，因此我們只要做出來，努力去賣，大家都會買。

現在是 C2B（Consumer to Business）當道，買方市場當道，努力不再是萬靈丹，專業專技、職人式的商品開發不再能吃香喝辣，因此我們必須重視市場、重視客戶，了解市場流行趨勢與客戶需求。

當我們充分了解我們的目標市場要什麼、我們的客戶要什麼，再加上我們有非常強的專業專技能力，我們就可以準備對的商品給有需求的市場客戶。當我們準備的商品是市場客戶要的，我們的商品命中率自然就高。

第四個關鍵是團隊優質。但凡事業有成的企業，背後都有一個優質的團隊。

台灣有很多企業，走過過去幾個年頭，吃香喝辣慣

了，習慣用低的價格去供應市場，就忽略了現在的市場其實已與過去大不同。

過去的市場是需求大過供給，所以我們只要強推強銷，都可以賣得很好。現在的市場是供給大過需求，所以我們如果沒有充分了解市場客戶，沒有優質團隊來用心經營市場客戶，就算我們有非常棒的商品，也不見得能賣得好。

以上就是企業經營要勝出的四大關鍵簡要說明。

而現在是「通路為王，誰有通路，誰就是老大」的時代，我們要掌握的通路，不再只有單純的實體通路，也不再只有單純的虛擬通路，必須做到 OMO（Online Merge Offline）與 Omnichannel，才能打敗群雄，立地為王。OMO 是虛實整合，Omnichannel 是全通路。

虛實整合是所有企業，不管做什麼行業，都要導入的運作。即便是做純線上、有線上電商優勢的企業，或是做純線下、有線下實體店優勢的企業，都要做線上線下的整合，如此才能 365 天全年無休、24 小時營業、全天候服務，在市場上勝出。

台灣現在還有很多企業只相信線下的實體通路，忽

略了實體通路正在不斷縮減的事實。

傳統的實體零售是先有商品，再找客戶強推強銷，然而，現在已不是實體零售當道的時代，也不是純電商當道的時代，而是新零售時代。

因此，實體店扮演的角色不再只有單純地把商品擺在陳列架上後，就坐等客人自己來，還要思考陳列架上要擺什麼商品、商品在陳列架上要怎麼擺放，才能吸引客人入內後一定出手購買。

換言之，現在消費者的消費習慣是線上下單，線下主要著重在體驗及取貨，因此我們的實體店不能再只有單純的交易功能，還要具有展示、體驗、取貨、諮詢的功能。

再者，我們做內需市場，若是只會開實體店，也不會有太好的結果，必須滿足消費者的消費心理，做到虛實整合之餘，也要做到全通路銷售。

因為現在消費者的消費心理已經不會再慢慢逛街，為了買 5 樣商品，逛 5 家店，而是傾向一次購足（One Stop Shopping），在 1 家店就買到 5 樣商品，因此我們不能再只會經營專業的專賣店，專賣店會漸漸式微，應該

轉型成什麼都賣的複合店，才能海闊天空。

換言之，我們若想在市場上立足，掌握通路是關鍵。掌握通路的第一個動作一定是做線上線下的整合。不管過去做的是純線上或純線下，都要跨足線下或線上，也就是過去專門做電商的業者，一定要開始經營實體店；過去在實體店很強的業者，也一定要用電商的線上平台來整合。這是一個趨勢。

過去線下實體店開愈多愈有優勢，現在線上線下整合後，線下實體店就不需要開很多才有優勢，關鍵在擴大變成複合店，乃至旗艦店，以及快閃的運作。

當我們線上電商用得對，線下快閃用得好，線下實體店就不需要開很多，營收也能快速成長。何謂快閃？就是過去百貨公司頂樓常辦的特賣會，亦即只在這個地點擺攤數天就收攤轉移至另一個地點繼續擺攤。

快閃的運作不是買賣零售流通業的專利，製造業也要會玩。換言之，製造業不能再以傳統生產製造者的舊思維看待所有一切，必須跨界、跨業，才不會愈做愈狹隘。

若以旗艦店觀之，選址可以落在交通方便或停車方

便的地方。除此之外，旗艦店或複合店的門面還要具有可以吸引過路客入內的吸睛力，因此店的裝潢、陳列、布置要讓人感覺很好、很 Friendly，過路客才會被吸引。

這也可見，我們在通路布建上，只做線上線下的整合還不夠，還要做到多元化的經營模式。多元化的經營模式就是街邊店不能守在專賣店，要變成複合店，複合店就如百貨公司、超市、量販店、大賣場、商城。

正如來自日本的三井不動產集團，因為知道台灣新世代的購買力很強，所以在台灣開了三井 Outlet 之後，又開了三井 LaLaport。相較於三井 Outlet 是給全家人去的，三井 LaLaport 則是給年輕人去的，主要進駐的都是日系品牌及日本名店。

而不管是三井 Outlet，或是三井 LaLaport，都是食衣住行育樂什麼都賣，這就是 One Stop Shopping 的運作，也是我們掌握通路應有的基本認知。

我們可以看到，到目前為止，還是有不少走過過去榮景的企業經營者，仍用過去的慣性思維來經營企業，沒有意識到新零售時代的來臨，因此就會坐困愁城，業績不僅沒有成長，還大幅衰退。

如果我們有很棒的商品，或有很不錯的品牌，就應該把它鋪到全通路。全通路就意指猶如水銀瀉地，無孔不入，只要是能與我們的目標客群做互動與接觸的通路，不管是線下通路或線上通路，我們都要去經營。

　　當然，有很多人會因此感到困擾，覺得公司規模不大，人手也不多，怎麼可能布建得了這麼多的接觸點與通路？其實關鍵在於我們有沒有用心去做團隊的建置與培養。若是我們沒有用心去做團隊的建置與培養，只會一直沿用過去的老方法，就會沒有團隊來幫我們布建通路。

　　若有團隊來幫我們布建通路，在實體通路的布建上，就是導入連鎖經營模式，建立連鎖總部，然後廣招加盟店。因為加盟連鎖的拓展速度很快，台灣的加盟連鎖成功案例很多，手搖飲產業就是顯著的例證，手搖飲店很容易一拓展就是數十家店。

　　換言之，我們要做全通路的運作不是完全只靠我們的一己之力，而是要借力使力，透過整合的力量，創造自己的優勢。

　　正如連鎖經營，只用直營連鎖的模式，就沒有辦法拓展得很快，但用加盟連鎖的模式，就可以拓展得很快。

　　如果我們不想用加盟連鎖的模式，也可以讓商品擁有品牌力，然後透過經銷體系去全面鋪貨。因為大型經銷平台是接受各式各樣商品的。這也是消費者願意到大賣場購物的主因，因為到大賣場，食衣住行育樂都能滿足，因此我們可以到各大通路平台去鋪貨，不只到線下通路平台去鋪貨，還要到線上通路平台去鋪貨，只要是我們的目標客群會接觸的，我們都要鋪進去。

　　同理，我們也可以自己建置平台。很多企業都是從自建平台做起，原本只是小小的做，後來隨著商品愈來愈豐富，就慢慢做出口碑。

　　這也意味著當我們在做全通路的運作時，不能只賣單一品牌和單一商品，應該賣組合商品，讓我們自己的商品附帶著與我們自己商品相關的周邊商品，組合起來，一起進入市場。

　　這就是組合銷售的運作。組合銷售的好處就是可以讓我們創造更高的營業額，簡言之就是客單價會拉高。

　　正如某個消費者在買我們的品牌商品之餘，也需要買非我們品牌的商品，當他到我們的平台花了 1000 元買我們的品牌商品時，發現我們的平台上還有他需要的別家品牌的商品，就會一起加購，消費金額從原本的 1000

元變成 1500 元，如此，客單價就拉高。

這就與我們在餐廳吃飯，會點主餐＋附餐的套餐一樣。若是在中式餐廳吃飯，點合菜也都是點主廚推薦的多人套餐，即便不點套餐，也會在點了主菜，有魚有肉之餘，再點配菜，有菜有湯。這就是組合銷售，這對通路經營非常重要。

當然，在通路經營上，光是做虛實整合與全通路的運作還不夠，還要將客戶經營起來。換言之，我們要透過 CRM（Customer Relationship Management）系統的建置，將我們的客戶資料蒐集起來，再加以整理分類建檔，如此，我們才能快速從 CRM 中撈出我們要的資料來做數據分析，發現再銷售的機會。

不要拿「客戶沒有跟我說，我怎麼知道」當藉口。亞馬遜能做到客戶沒有下單就主動供貨，靠的就是從數據分析找到答案，因此我們也要學會從數據分析找出我們客戶的需求及何時需要。

綜言之，虛實整合與全通路的運作是要先有自己的實體店、官網、平台等通路，並且各通路之間的系統要能互相串接，會員資料要能同步流通，讓客戶購買時感覺很好，感到滿意。當客戶購買時感覺很好，感到滿

意，再購率就高。

最後就是我們要做好會員與粉絲經營，讓會員與粉絲認同。當會員與粉絲認同了，就會「呷好逗相報」。

會員與粉絲經營需要拉高客戶滿意度，但是只有拉高客戶滿意度，價值不大，頂多只能拿來看看，讓自己一時高興一下而已；要把客戶滿意度變成業績，價值才大。

再者，會員與粉絲經營需要創造重複性消費，重複性消費就是再購。銷售的最高準則就是客戶介紹客戶。業務要做得輕鬆，就是把舊客戶照顧好，讓舊客戶樂於介紹新客戶給我們。若是只會應付他，他憑什麼要幫我們介紹？

而要讓舊客戶樂於介紹新客戶給我們，我們就要守住基本盤，這個基本盤就是舊客戶再購率。舊客戶再購率的標準值是多少？基於舊客戶會往生、會變心，因此標準值是 85%。

我們若有做到這個標準值，讓基本盤穩了，再請舊客戶介紹新客戶給我們，我們的業績就能確保，接著再陌生開發新客戶，我們的業績就能錦上添花。

若是我們沒有做到這個標準值，總是做一個死一個，就永遠都在陌生開發，如此，我們就會做得很累、很辛苦，因為新客戶不認識我們，我們需要費盡口舌讓他認識，並且我們費盡口舌之餘，他還未必有感覺。

因此，與其疲於陌生開發新客戶，不如維護好舊客戶。維護好舊客戶，讓舊客戶滿意後，舊客戶就會再購，我們再藉機讓他增購，客單價就會拉高。

換言之，開發新客戶，過去要靠我們自己來，現在我們可以靠會員與粉絲。因為我們自己開發新客戶，新客戶會質疑我們是來騙他錢的。靠會員與粉絲「呷好逗相報」，他就不會質疑，而會認同，因此我們要重視會員與粉絲經營，不只電商要做會員與粉絲經營，製造業也要做會員與粉絲經營。

# 六月初一
## 全球首創 8 結蛋捲

### ◆ 公司經營理念

用獨一無二的伴手禮，以及高滿意度的顧客體驗，讓客戶體現送禮的心意。

### ◆ 公司願景目標

成為華人第一伴手禮品牌。

### ◆ 公司發展沿革

| 年份 | 重要大事紀 |
|---|---|
| 2017 | 八結國際股份有限公司成立。<br>創立伴手禮品牌「六月初一8結蛋捲」。 |
| 2018 | 台中美村門市正式營運。 |

| 2019 | 發展彌月品牌 8 結媽咪。<br>美村門市擴大營運。 |
|------|------------------------------------------|
| 2020 | 台北永康門市正式營運。 |
| 2023 | 首家品牌概念店一迪化門市正式營運。 |

## ◆ 公司經營重點變化

　　六月初一創辦人沈劭蘭是業務出身，在創立六月初一之前，經歷過多次投資失利，後來成立行銷公司，幫客戶架設網站，做網路行銷，還身兼講師，教網路創業，因為忙碌到少有時間與孩子相處，為了有多點時間陪伴孩子，決定轉業，從門檻較低的烘焙業著手，並以創意造型的蛋捲作為主打商品。

　　因為台灣的蛋捲市場很大，沈劭蘭憑藉豐富的網路行銷經驗及對市場的充分了解，深知唯有做出差異化，才能從競爭激烈的蛋捲市場中脫穎而出，因此沒有承襲傳統，做長條型蛋捲，而是嘗試創新各種不同造型的蛋捲，最後造就了現在蝴蝶結狀的 8 字型蛋捲。沈劭蘭也基於蛋捲的 8 字型，將之賦予帶有送禮「巴結」、象徵友好、傳達心意的意涵，顛覆傳統的 8 結蛋捲於焉問世。

　　因為懂行銷，有鑑於台灣的伴手禮名店都是先開實

體店，再打廣告，沈劭蘭將 8 結蛋捲定位在禮盒，而非零嘴，目標市場鎖定在團購及年節送禮市場，目標客群則鎖定在 28 歲至 54 歲的女性客群，因此沒有複製這些伴手禮名店的經營模式，而是反其道而行，先做品牌電商與數位廣告投放，結果獨樹一格的創意蛋捲快速在網路上爆紅。

隨著 8 結蛋捲的爆紅，沈劭蘭透過數據分析發現，官網團購訂單占大宗，為了觸及到習慣線下購物的客群，沈劭蘭也沒有守成，而是將六月初一的銷售通路從線上電商擴及線下實體店，不僅自建直營門市，還玩百貨快閃櫃，補足服務據點太少的缺口，且因為品牌定位為伴手禮的關係，沒有進駐大型量販店，大量鋪貨，而是維持稀缺性，以免拉低品牌價值。

因為六月初一定位清楚，重視品牌價值，也善於行銷，能夠透過數據分析，精準推播，吸引回購；同時，通路在不斷擴充，商品也在不斷推陳出新，從主力商品到組合商品，再到聯名商品；對於服務品質與生產品質，也在不斷優化；對於物流配送，更推出快速到貨服務；因此營收能在創業第一年破億後，持續不斷翻倍成長。

## ◆ 觀察評估解析

六月初一創辦人沈劭蘭，與我過去在專家企管講課時，有過一面之緣。後來因緣際會下，她回來找我做諮詢輔導，我肯定她，做創意蛋捲可以，不要再做傳統蛋捲，因為做傳統蛋捲的業者太多了，消費者也會基於習慣，看到傳統蛋捲，就根據過去老牌的價格來思考，因此後進的品牌若要做傳統蛋捲，只能打價格戰，必須跳脫傳統蛋捲的經營模式，做出創新創意，才有機會勝出。

後來她把蛋捲做成 8 字型，取名 8 結蛋捲，與「巴結」同音；在華人世界看到 8，又代表發財的「發發發」；如此討喜的寓意，就讓它在伴手禮市場奠下良好的開端。

再者，她也跳脫傳統蛋捲的零嘴市場，主打禮贈品市場，如此，商品就不是鋪在一般零嘴的銷售通路，而是用禮贈品的方式來銷售，且因為 8 結蛋捲的商品定位及外型，用在企業的周年慶、年節送禮或新創企業的祝賀上，都是寓意很好的禮品，因此它的目標市場也從 To C 擴及 To B，並在台灣禮贈品市場擁有一片天之後，開始銷往國外，打進全世界的禮贈品市場。

而既然主打禮贈品市場，她也沒有死守在蛋捲領

域，靠 8 結蛋捲吃香喝辣，她還落實了我的同心圓理論，發展多元化商品，從鳳梨酥、肉酥酥、海苔等特色商品到茶葉、咖啡等聯名商品，從年節禮盒到彌月禮盒，因此能在禮贈品市場上一路長紅。

換言之，六月初一一開始是從線上電商起家，上了我的課之後，了解到線下實體店也是一個關鍵，線上與線下必須整合起來，才有競爭優勢，因此在台北展店時，經商圈調查後，就選了國際觀光客最愛的永康商圈設點，與線上的電商通路相輔相成。如今生意相當不錯。

可見，從線上電商起家，不代表一輩子都只做電商，可以運用線下實體店來搭配，讓消費者可以在實體店看到成品，並實際體驗，諸如消費者在六月初一的實體店試吃之後，覺得好吃，印象很好，就可以直接在線上訂購，宅配到家。

六月初一正是在策略地圖的規劃下，從電商通路擴及虛實整合、全通路運作，從單一商品擴及同心圓商品，從內需市場擴及國際市場，因此業績能在短短 3 年內翻倍上來。

這也可見，即便是新創事業，只要我們願意不斷轉念、轉變、創新突破，就能走出自己的一片天。以通路

經營而言，我們若能跳脫傳統的慣性思維模式，勇於嘗試做虛實整合、全通路的運作，就能得到脫穎而出的效果。

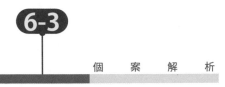

# 采妍國際
## 女性彩妝專家

### ◆ 公司經營理念

質樸、熱情、創意、韌性

### ◆ 公司願景目標

- 深根台灣與中國市場，放眼東協國家，進軍日本市場。

- 多品牌發展政策，異地耕生行銷市場，M&A 擴大事業版圖，持續代理併購日本、歐美優良品牌。

- 以人為本、人才加值，共創價值，共享價值；科學數據發展王道，提升 e 化流程再造。

- 掙脫傳統批發商思維，迎向新零售，以大數據資料為基礎，透過線上線下之服務整合消費者，成為全通路零售之公司。

## ◆ 公司發展沿革

| 年份 | 重要大事紀 |
|------|-----------|
| 2000 | 波林貿易有限公司成立，在車庫以販售面膜起家。 |
| 2001 | 采妍國際有限公司成立。<br>創立美妝保養品牌POLYNIA。 |
| 2002 | 創立彩妝品牌SUKI，專攻上班女性族群。第一支商品為專利針頭設計，將日本流行的指甲彩繪DIY成功引入台灣，造成風潮。 |
| 2003 | 首創以彩妝品進入網購通路。 |
| 2004 | 創立彩妝品牌DODORA，專攻學生族群。 |
| 2005 | 成立廣州採辦中心，負責流行品採購業務。 |
| 2006 | 創立飾品配件品牌Akemika。<br>以B2B及B2C模式進入中國網購市場。<br>創立內睡衣品牌Alio Moon，專攻流行哈日族群。 |
| 2007 | 成立上海兆妍商貿有限公司。 |
| 2008 | 創立包包品牌Get's，專攻上班女性族群。<br>投資馬來西亞，導入POLYNIA品牌。 |
| 2009 | 創立睡衣居家服品牌Sani Sani，專攻高中族群。 |
| 2010 | 組織再造：更名為「采妍國際股份有限公司」，導入計畫經營、D-KPI績效考核制度、內控九大循環制度，建立員工外訓制度。<br>重整化妝品牌。 |
| 2011 | 結束廣州採辦中心，轉向外代採制度。 |
| 2012 | 成立易網通物流有限公司。 |
| 2013 | 創立塑身衣品牌MOLLIFIX。 |
| 2014 | 推出官方購物APP及品牌網路旗艦店。<br>SUKI更名為STARSUKI。<br>MOLLIFIX轉型成運動內衣品牌。 |

| 2015 | 組織再造：部門重整，品牌再造，成立數據中心。<br>規劃策略地圖，成立東南亞業務團隊，進入東南亞市場。<br>建立社群平台：OL365。 |
|------|------|
| 2017 | OLLIFIX 轉型成運動時尚生活品牌。<br>建立線上選物平台：好日子HOWDAY。 |
| 2018 | 代理外銷歐美及日本知名美妝保養品牌，協助客戶開拓品牌市場國際化。<br>併購日本公司Libre。<br>成立日本東京通路公司JCY。 |
| 2019 | 組織再造：營運單位BU制，成立總經理室戰略中心。<br>MOLLIFIX 線下百貨設櫃。<br>重新布局印尼與越南。 |
| 2020 | 整合產業價值鏈。<br>再布局泰國、菲律賓、日本。<br>創立美妝保養品牌MISS DAISY。 |
| 2021 | 併購日本43年美妝保養品牌SUMERISH。<br>MOLLIFIX、好日子線下百貨設櫃。 |


## ◆ 公司經營重點變化

　　采妍創辦人蕭素秋是軟體工程師出身，因為看好新興的網路市場潛力，也鑒於台灣代工廠在國際知名彩妝品牌供應鏈上占有一席地位，而看好台灣彩妝市場的潛力，因而在2000年以電商模式，從銷售面膜起家，希望打造出讓不懂化妝的女性也能輕易上手的美妝商品。

　　采妍算是台灣的電商始祖之一，2000年至2004年是采妍的草創成長期。采妍一開始只做純電商，後來做

出與同業的差異化，包括開發出第一個彩妝調色盤的概念、推動第一個電商超商取貨模式，發展出同心圓商品的包包、美材、睡衣，才緊緊抓住客源，帶動業績成長上來。

2005 年至 2008 年，采妍跨境經營中國電商市場，則帶動業績跳躍式成長。

當然，采妍在業績跳躍式成長上來之後，並沒有因此停止學習，而是在 2009 年至 2012 年接受聯聖的輔導，導入計畫經營與 KPI 管理機制，進行組織再造。

組織穩健之後，進入 2013 年，則展開多角化經營，亦即采妍原先是以彩妝為主，後來根據同心圓理論，展開商品規劃與事業發展的布局。

采妍從同心圓理論中思考，為了讓客戶一買再買，如何從自己的核心優勢拓展，達到為消費者提供 One Stop Shopping 的服務，於是發展出運動潮流品牌 Mollifix，也發展出從臉部到全身都有的美妝保養品，還導入跨品類商品，諸如寵物用品、健康機能食品、美材周邊商品。

其中，運動潮流品牌的誕生，主要是因為蕭素秋是

運動愛好者，她發現，隨著女性運動風潮崛起，市場上雖然湧入不少運動品牌，卻沒有專屬亞洲女性的運動商品，因此從自己的產後塑身經驗發想，以女性塑身衣切入，先轉型成運動內衣，再轉型成女性運動品牌，確立專屬女性的時尚美學風格。因為聚焦女性的需求與痛點來優化，因此能從國際大品牌中異軍突起。

在通路布建上，采妍除建立女性專屬的選物平台與社群平台來服務會員和粉絲，與會員和粉絲互動，同時藉由社群平台來提高聲量，增加粉絲黏著度外，還開發團購通路，跨足實體通路，進駐百貨賣場，並進行新區域市場的開發，不只跨境經營中國市場，還擴及日本市場，以及越南、印尼、泰國、菲律賓等東協市場。

采妍的最終目的是要整合垂直供應鏈與水平通路鏈，來完整同心圓的整合圓的部分。而發展同心圓策略，不管是本業發展，還是跨業發展，都需要有很多能夠獨當一面的團隊，因此在組織運作上，采妍就在營業單位導入分權管理的 BU（事業部）制。

有了分權管理的機制，采妍將以台灣為集團核心，透過異業結盟，加強與外部資源的整合、乃至整併其他公司，來快速擴大采妍的國際事業版圖。

## ◆ 觀察評估解析

采妍是做純電商起家，原本是用自己本業的彩妝品牌打造出第一個事業版圖，後來發現在整個產業鏈上雖有商品與通路，卻沒有策略來不斷做大，因此就接受了我的提點，運用我的同心圓理論，發展同心圓商品，從本業的彩妝品牌擴及美妝保養品牌、時尚運動服飾品牌。

同時，以商品規劃為核心，在打造自有品牌之餘，也不斷強化通路的發展與國際化的發展。

采妍在通路布建上，沒有守在官網電商，而是擴及平台與社群，隨著時尚運動服飾品牌的推出，也進駐實體通路。

采妍在台灣的電商產業排名上算是前段班，它做的是集成式的品牌經營，它在它的平台上不僅銷售它的自有品牌，也代理經銷世界美妝保養品牌及運動流行品牌，這就是一種組合銷售。並且它定位清楚，也善於從數據分析做好同心圓商品的精準布局與 One Stop Shopping 的商品規劃及 OMO 的通路整合，因此能讓它的目標客群方便地在它的通路下單、取貨，滿足所有需求。

當然，采妍在國內市場做出自己的一片天之餘，也沒有守在國內市場，而是跨境經營，往東協與日本市場拓展。

這也是我一再提醒的，台灣所有企業都必須走出台灣、跨境經營，不能困守台灣。因為台灣的市場規模太小了，雖然這樣的市場規模可以讓一家新創企業做得很好，也可以賺到錢，但是不容易做大。再說，企業經營，本來就不應該守在小市場，賺了一些錢，就覺得滿足，應該為企業設定一個永續發展、不斷壯大的願景目標，才能愈做愈大。

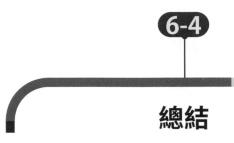

# 總結

　　企業經營，要做到通路為王，不是只有將線上通路與線下通路整合起來，還要做進全世界的通路。當我們企業先在台灣立足，經營也趨於穩健，清楚我們的經營模式之後，就要快速地複製出去。

　　同時，我們也要清楚認知，通路是不斷地快速在轉變，電商的出現就是通路革命的結果。

　　以零售業進化史觀之，早期是傳統雜貨店，1916 年之後，超市取代傳統雜貨店。 1963 年之後，超市規模不斷擴大，就轉變成大型量販店，沃爾瑪、家樂福是代表。 1995 年之後，隨著網路的崛起，個人電腦的普及，零售業就從線下實體通路進入線上電商通路，亞馬遜、淘寶是代表。 2011 年之後，隨著網路的普及，智慧型手機與平板電腦的問世，零售業就從多通路轉變成全通路的虛實整合模式。

　　這也可見，通路的轉變速度愈來愈快。通路革命是自 2000 年開始發生，時至今日仍在進行式。我們現在若是還沒有進行通路革命，就會因為利潤減少、末端嫌貴而岌岌可危。

　　通路革命可分成橫向通路革命與縱向通路革命；橫向通路革命是通路位階縮短，減少中間商存在的必要；縱向通路革命是虛實整合，全通路串連。

　　以橫向通路革命而言，完整的橫向通路結構有五階，依序是：製造商→進口商、代理商、批發商→總經銷商→區域經銷商→買賣業的零售配銷商、零售流通業的門店櫃→消費者。

　　一個箭頭（→）代表一階。因為每一個位階都要進行買賣，而有買賣，就要利潤加碼（又稱剝削），因此在每個位階都要利潤加碼下，到了末端，價格就居高不

下，要降也降不來。

而末端價格太高，消費者就會嫌貴而不買，希望降到合理價格才買，這就引發通路革命，製造商開始縮短通路，跳過中間商，直接賣到末端，省掉中間商層層剝削的錢，價格就降下來，獲利也增多。

統一集團就是縮短通路的範例。電商模式就是縮短通路的產物。當然，縮短通路之後，我們的物流也要做到快速供貨，才能贏得訂單。

以縱向通路革命而言，隨著消費者傾向一次購足（One Stop Shopping），我們賣的商品若是還侷限在單一商品，就沒有機會，要賣組合商品，才有機會。這也意味著我們的通路不能再侷限在傳統的經銷通路或街邊店的孤家店，我們的通路要多元化，未來只有結合電商的連鎖店、量販店、大賣場、商城，才能活得很好。這也是近來很多新創企業、新創品牌紛紛整合線上與線下，大力發展連鎖的主因。

**7**
Chapter

合縱連橫
運用併購聯盟速擴大

# 經營策略的導用認知

　　合縱與連橫來自春秋戰國時代的蘇秦與張儀，蘇秦的合縱是六國聯合起來對抗秦國，張儀的連橫是秦國分別與六國聯盟來對抗他國。合縱與連橫是企業經營的重要思維。

　　我們若想在競爭激烈的市場上快速擴大我們的影響力，就不能再靠一己之力單打獨鬥，要運用合縱與連橫打群體戰。合縱做的是供應鏈整合，連橫做的是通路鏈整合，合縱連橫做的就是產業鏈整合。當我們有合縱與連橫雙管齊下，我們就知道如何運用併購與策略聯盟的方式來快速整建我們的產業鏈，讓我們的事業版圖快速做大。

　　我在協助企業時，看到很多企業有很好的創新與創意，也有很優質的商品與服務，同時很用心地在經營，只是很可惜地守在現下小小的規模。

很多老闆會告訴我：「因為人手不夠，所以我只要穩紮穩打地做就好了。」

我都會提醒他們：「若是只是穩紮穩打地做，時間在不斷流失，這些商機、優勢也不是只有你懂，而且現在的年輕人創新創意能力很強，我們想的到的，別人也想的到，如果我們動作慢，就會被別人搶先。」

因此，企業經營必須快狠準（快是速度快，狠是果斷，準是正確），尤其是當我們在做對的事情時，必須做好企業內外部各種資源的協同運作，讓我們能夠得到更擴大的效果。

擴大就意指面對市場，我們要做全通路布局，讓我們在市場上能到處被看到，進而與我們的目標客群產生良好的互動效果。當我們與我們的目標客群之間有良好的互動效果，我們的目標客群就容易出手購買。

除全通路布局外，我們也不能死守台灣，必須跨境經營。諸如小籠包起家的鼎泰豐、手搖飲料起家的六角國際、咖啡起家的 85 度 C，它們都是走出台灣，邁向全世界，才能業績快速翻倍上來。這是我們要勢在必行的。

怎麼做？有三大方向：一是透過併購；二是透過策

略聯盟;三是透過加盟連鎖。

其中,併購可用在產業鏈的擴大。何謂產業鏈?產業鏈=供應鏈 × 通路鏈。

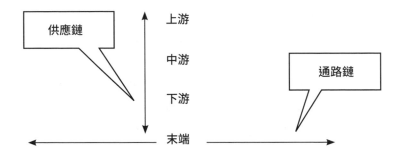

供應鏈是垂直縱向的從上游的原物料與零組件,到中游的半成品與設備類,到下游的成品,再到末端的銷售通路。到了末端的銷售通路,水平橫向的街邊店、連鎖店、量販店、百貨、超市、大賣場等銷售通路的鋪建,就是通路鏈。

換言之,不論是製造業、買賣業、零售流通業或服務業,想要快速擴大的方法,就是透過併購。可以併購上游,也可以併購下游,還可以併購通路。而透過併購,快速擴大之後,就能變成集團化經營。台灣有很多企業都是運用這個模式快速發展上來。

　　很多企業都覺得「併購」距離自己很遙遠，是不太可能的事。在經濟活動相對單純的過去，確實是如此，但在現在，個人的職場生涯與企業的經營發展中，會遇到併購的機會大增，更重要的是，併購的影響層面也愈來愈廣，更不用說，會因為沒有想到要把併購作為企業轉變與轉型的重要策略或解方，錯失成長擴大的機會。

　　換言之，台灣企業的未來只有轉型、創新、國際布局、併購與策略聯盟，沒有單打獨鬥，也沒有關起門來只做自己最熟悉的領域。即便現在做得很不錯，也要轉型、創新、國際布局、併購與策略聯盟。沒有轉型、創新、國際布局、併購與策略聯盟，就會漸漸式微。

　　如何轉型？製造業要做 OBM（自有品牌）。OEM（純代工）要做 ODM（設計代工）或把生產基地移出中國。移出中國後，若要回流台灣，就要做資本投資，進入工業 4.0，才不會陷在缺工的困境中。若不想做資本投資，還想仰賴大量勞動力，就要轉戰勞動力大量且廉價的新興國家，諸如東協、印度、中東歐。

　　若以市場觀之，守在台灣，市場就會愈做愈小，要跨境經營，市場才會海闊天空。若要跨境經營、國際布局，就要擁有充足的菁英團隊。而要擁有充足的菁英團

隊，組織結構就不能是傳統的功能性組織，必須改制成集團化或分權化組織，菁英才願意與我們共襄盛舉。

若是菁英團隊的擁有，特別是國際化人才的擁有，緩不濟急，就要啟用外籍工作者。諸如當我們準備把工廠或市場擺在東協，我們就要啟用東協當地人，才能如魚得水。

若以策略聯盟觀之，通常是用在我們創業初期，資金不夠，沒有充足的錢可以併購別人，就用策略聯盟；或者兩家以上企業想要合作，卻又想各有各的自主權，就用策略聯盟。

策略聯盟在製造業當道的 1970 年代至 1990 年代很盛行，當時稱為中衛體系。所謂中衛體系，就如做成品的中心廠，將周邊做零組件、半成品的衛星廠，也就是供應商，整合在一起，來做策略聯盟。

全世界最成功的案例就屬豐田汽車。豐田就是運用策略聯盟的方式，發展出有名的豐田式管理。在豐田式管理下，豐田不需要備大量庫存，因為它要投產前，會下製令給供應商，要求供應商要在哪個時間點之前把它要的物料送到它的工廠。因為這些周邊衛星廠都是圍繞著中心廠而活，因此會全力配合，如此，中心廠就可以

做到無庫存。這也是我常強調的就近供貨創造效益。

當然，中心廠是零庫存，周邊衛星廠要幫中心廠備庫存，為了不讓周邊衛星廠被庫存壓死，中心廠也要做好對供應商的評鑑與輔導。我主持的企業若是中心廠，我不僅會幫供應商做教育訓練，若是供應商資金不足，我還會融資給他，因此供應商都會全力配合。這也是中衛體系的成功關鍵。

若以運作模式觀之，策略聯盟可以是異業結盟，也可以是同業結盟，只要目標客群相同，同業不一定要相忌，可以合作。換言之，策略聯盟下，結盟的雙方是合作關係，而非主從關係，沒有股權歸屬的問題，目的是為了擴大市占率。

在台灣，策略聯盟常見於通路商之間的合作。

正如 1993 年我主持小林眼鏡期間，同時也是一之鄉與阿瘦的顧問，基於第四季是眼鏡業的淡季，為了提振小林的業績，我就找來一之鄉與阿瘦，共同進行聯合促銷，結果 3 家企業的業績都有成長。基於第四季是結婚旺季，成長幅度最高的是一之鄉，其次是阿瘦，最後是小林。小林雖然成長幅度最低，但是相較於同業業績都不好，小林是逆勢成長，就很可觀。

策略聯盟，若是運用在零售流通業，就是加盟連鎖。加盟連鎖是零售流通業要快速做大的一個很好方法。

　　連鎖其實主要有 4 種不同的經營模式，分別是：直營連鎖、加盟連鎖、授權連鎖、內部創業（又稱內部加盟）。

　　直營連鎖是該分店百分之百都是由我（總部）來投資經營。直營連鎖的成功率較高，但是相對的成本也很高。

　　加盟連鎖是該分店是你（加盟主）的，跟我（總部）沒關係，但是你要掛我的招牌，用我的店裝，從我這裡進貨，賣我的商品。換言之，你負責出人、出錢、出地點，其餘都歸我統一。台灣很多連鎖業者都是採行這種模式。採行這種模式的連鎖業者通常只會有總部和幾家旗艦店，用以招攬加盟主。

　　授權連鎖是加盟連鎖的一種，但是授權連鎖的成功率較低，因為它只有招牌掛一樣，其他都是分店自己想怎麼運作就怎麼運作，所有分店都可以用自己的想法去準備商品、經營自己的商品，如此就容易造成市場對這個連鎖店格的印象混亂，導致連鎖業者不易做大。

目前我們在市場上看到的絕大部分都是加盟連鎖。授權連鎖不多，直營連鎖也不多，因為直營連鎖需要龐大的資金來支撐。

內部創業是 1986 年我主持寶島眼鏡時建立的，意思是我（總部）只允許我內部優秀的員工變成我的加盟主，我不接受外來的加盟。因為這與直營連鎖和加盟連鎖都不太一樣，因此我就將它們區隔開來。

換言之，內部創業與直營連鎖和加盟連鎖的最大不同就是，直營連鎖的直營店是總部的，加盟連鎖的加盟店是加盟主自己的，內部創業的內創店則是只有內部員工可以加盟。

以上是運用合縱與連橫，讓我們企業可以快速做大、對市場產生影響力的有效方法，也是我們企業想要在國際市場上闖出一片天的有效方法。

當我們善於運用合縱與連橫，我們的企業就可以做得很大，不會受限於資源不足或人力不足。

通常當我們的財力不雄厚，要快速做大的方式，就是透過策略聯盟。若是我們的財力雄厚，要想快速做大，最好的方式還是透過併購，因為併購比較容易掌

控。若是策略聯盟，就會礙於結盟的雙方可能有各自的心態與想法，不一定有共識，導致策略聯盟窒礙難行。

若想玩併購，卻又沒有充足的財力，可以運用金融體系的資金。我經營企業，都是用這個方法來快速做大。時至今日，我手上完成的國內外併購案已達 195 個。

我主持與輔導的企業，很多都是中小企業，它們能靠併購做大，都是因為善於運用銀行的資金。可見，併購不是大企業的專利，中小企業也可以玩併購，關鍵在懂不懂得整合資源來創造綜效。

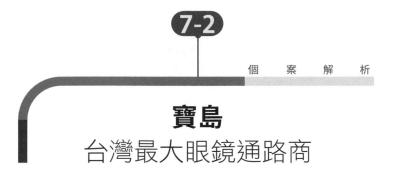

個　案　解　析

# 寶島
## 台灣最大眼鏡通路商

◆ **公司經營理念**

誠信服務，技術堅持

◆ **公司願景目標**

持續導入數位科技，落實新零售模式，更回歸對「人」的關懷，完善照護都會與偏鄉，守護老中青全世代，期許成為「最貼心的視力保健守護者」。

◆ **公司發展沿革**

| 年份 | 重要大事紀 |
|---|---|
| 1976 | 寶島眼鏡行於新北市三重區成立。 |
| 1981 | 更名為「寶島眼鏡公司」，開啟眼鏡專業的連鎖經營。 |
| 1983 | 成立業務部，開始全台統一採購。<br>成立職教部，負責專業人才之培育。 |

| | |
|---|---|
| 1984 | 引進電腦，開始電腦化作業。 |
| 1986 | 開始執行職涯發展體系與自動撥補模式。<br>開創責任中心制與內部創業制，門市經理改為管理經理與創業經理。 |
| 1989 | 全台門市開始電腦化作業，以提升服務品質。 |
| 1990 | 推出配鏡「369」，打破眼鏡高價迷思，市場反應熱烈，同業競相跟進。 |
| 1991 | 首創業界提出配鏡三大保證：品質保證、技術保證、滿意保證，引發全台熱烈討論。 |
| 1992 | 首次對外強調寶島眼鏡配鏡專業，廣告主打「度、量、衡」及「點、線、面」的驗光主張。 |
| 1995 | 創立副品牌－米蘭。 |
| 1996 | 入主華昭科技股份有限公司，借殼上櫃。 |
| 1998 | 再次獨家提出配鏡四大保證，除品質保證、技術保證、滿意保證外，新增服務保證。 |
| 1999 | 更名為「寶島光學科技股份有限公司」。 |
| 2001 | 金可集團入主。 |
| 2002 | 創立副品牌－La Mode。 |
| 2003 | 併購文雄眼鏡，加速多品牌通路拓展布局。 |
| 2004 | 併購鏡匠眼鏡，強化多品牌通路區域布局。 |
| 2010 | 推出第一個主打年輕客層的隱形眼鏡自有品牌－晴靚。 |
| 2011 | 推出葉黃素等保健食品，朝全方位視力照護前進。<br>推出會員制度。 |

| | |
|---|---|
| 2016 | 經銷日本RIONET助聽器，為消費者提供更完善服務。<br>首度與Disney合作推出聯名鏡架。<br>成立寶島眼鏡「EYESmart」會員服務網站，提供會員配送服務。 |
| 2017 | 創立快時尚眼鏡通路品牌－SOLOMAX。<br>推出寶島眼鏡APP，提供會員更便利的點數／活動查詢服務。<br>首創多焦點鏡片「不滿意保證退費」訴求，引爆市場轟動。<br>二代店新式裝潢第一家店點誕生。<br>於新北市汐止區成立U-Town企業總部。 |
| 2018 | 首度與LINE FRIENDS合作推出聯名鏡架，並打造全台第一輛睛喜小巴走遍全台各大商圈、大專校院。<br>米奇90週年「LOVE米系列」鏡架榮獲迪士尼最佳行銷獎項。<br>會員制度再升級：推出「EYE會員、白金會員、鑽石會員」三等級，白金級以上VIP會員獨享尊榮禮遇。<br>引進會員大數據服務，提升會員回購率。 |
| 2019 | 力拼數位轉型，串聯眼科、醫美診所，推出極智配鏡體驗，一站滿足全眼服務。<br>首度與「宇宙明星BT21」合作推出聯名鏡架。 |
| 2020 | 與「SOU・SOU」合作推出聯名鏡架，首次採用故事行銷推出七支網路愛情微電影，大獲好評。<br>寶島眼鏡EYE+Pay專屬行動支付服務上線。 |
| 2021 | 全台首推STAR WARS授權圖騰設計鏡框，同步推出星戰圖騰客製化超音波清洗機於EYESmart限定販售。 |
| 2022 | 與哈利波特合作推出聯名鏡架。 |

## ◆ 公司經營重點變化

寶島眼鏡是由北部的陳國富夫婦與高雄的王國勝兄弟共同創辦的。北部的陳家原本是永樂市場的小攤販，後來開了鐘錶眼鏡店，再後來又分拆出去，開了眼鏡店。高雄的王家則是跑單幫，賣手錶的水貨很賺錢，就開了鐘錶眼鏡店。

由於雙方一南一北，開的鐘錶眼鏡店店名一樣，擔心消費者會搞混，彼此會衝突，於是經過商談後，決定整併成一家公司，由陳家持股 40%，王家持股 40%，陳家忠誠資深員工（姓林）持股 20%。

寶島眼鏡成立後，開始展店。1983 年，寶島有了總部的概念，商品採購交由總部統一採購，再分給分店賣。同時也成立職教部，由專責單位負責教育訓練。

1984 年，寶島引進王安的迷你電腦，開始電腦化作業。因為沒有電腦化作業，管控上會很辛苦。當然，此時的電腦化作業只有總部有，分店還沒有。因為分店會沒有危機意識，因此是請分店把資料傳真回來，再由總部的財會單位登打資料，製作報表。

1985 年，寶島的鏡片也交由總部統一採購。寶島就是靠統一採購，把訂購量拱大來讓供應商自動降價，因

此採購的價格很便宜。

若以組織功能觀之，統一採購的功能，在零售流通業就是交給連鎖總部的商品部負責，在製造業則是交給總管理處的資材統合部負責。

1986 年，我以執行副總的身分（實質的總經理）接手主持，導入職涯發展體系、自動撥補機制，以及責任中心制與內部創業制。

我會在寶島導入職涯發展體系，主要是因為我從震旦行的歷練得知，自己的人要自己培養，才會與自己同心，若是忽略人才培育，企業發展到一個階段，就會因為後繼無人而卡住，卡住後，就會到外面招募空降主管，空降主管進來後，就會形成八國聯軍，因為各自都認為自己是這個 Pool 的英雄好漢，誰都不服誰，如此就會讓公司產生大量內耗而把公司資源消耗掉。

為了避免陷入這個困境，我就建立了職涯發展體系，落實基層團隊的教育訓練，讓公司的所有主管幹部都是透過教育訓練的機制從基層培養上來。後來勞委會得知這個系統，就要職訓局請我做全台巡迴發表。現在勞動部建立的 TTQS 評核機制，也是以這個系統作基礎。

我在寶島導入自動撥補機制，自動撥補機制則成為寶島發展連鎖經營的重要命脈。換言之，寶島的鏡片庫存原本有 30 萬片，導入自動撥補機制的 6 個月後，就銳減至只剩 10 萬片。

我在寶島導入內部創業制，更讓寶島在短短 2 年內迅速從第二大躍升第一大，並且大大拉開與第二大的距離。

內部創業制與責任中心制的最大不同就在於：責任中心制的店主管沒有投資權，稱管理經理；內部創業制的店主管有投資權，稱創業經理。

而無論是管理經理或創業經理，培育上都一樣，都要在儲備店主管班接受一樣的訓練，然後通過認證，取得資格，才能當店主管。不同的是，店主管若是沒錢投資，就只能當管理經理；若是有錢投資，則可以當創業經理。

創業經理若是把他的店經營得很賺錢，想要再開店，我的規定是只能讓他在他的大商圈（行政區）內開 3 家店，並且這 3 家店他不能主持，必須交給管理經理主持。

換言之，他擁有的 4 家店，他只能主持 1 家店，其餘都要交給管理經理主持。我會這麼規定，主要是為了避免地方諸侯的勢力過度膨脹到足以對抗中央。

而他開了 3 家店，需要 3 個店主管，店主管從哪裡來？就是由總部培育。因為店主管都是由總部培育出來的，因此凝聚力會很強。

在內部創業制的加持下，寶島的展店數迅速從 68 家突破 100 家。 1989 年，為了更有效地管控分店，寶島就把電腦化作業從總部擴及分店，讓分店與總部電腦連線。

1989 年，我 3 年任期屆滿，為寶島眼鏡創造 39 倍的業績成長後，就轉任寶島鐘錶當總經理。 1992 年，我 3 年任期屆滿，為寶島鐘錶創造 19 倍的業績成長後，就轉任寶島集團當總經理，並在任內併購小林眼鏡。

1991 年，寶島首開眼鏡連鎖業的先例，率先提出品質、技術、滿意的三大保證，藉由三大保證來告訴消費者「我們公司與其他同業有什麼不一樣」，藉此創造差異化。因為當時的眼鏡連鎖業會提出保證的只有寶島，寶島是第一個重視消費者權益的眼鏡連鎖，因此能受到消費者信賴，快速崛起。

1996 年，寶島買進華昭的股權。華昭是做傳真機、呼叫器的廠商，與做眼鏡一點關係都沒有，寶島會入主華昭，主要是為了借殼上櫃。

　　換言之，寶島想要上市，而要上市，財報就要公開，但是寶島的財報整理起來很麻煩，因為發現已經上櫃的華昭雖然經營沒虧損，但是經營得很辛苦，因此雙方坐下來一談，華昭就同意被寶島收購。而寶島收購華昭後，只要改變它的經營項目與公司名稱，寶島就立即成為上櫃公司。

　　因為寶島借華昭之殼上櫃後，要改名之際，發現「寶島光」已被一家 IT 公司搶先登記，「華昭」無法改成「寶島光」，只好改成「寶島科」。

　　2001 年，寶島眼鏡的經營權易主，由金可集團董事長蔡國洲接掌，寶島也因此進入新的里程碑。若以陳家的角度觀之，寶島鐘錶的經營權是陳家的，但是寶島眼鏡的經營權就不是陳家的，而是蔡家的，只是陳家在寶島眼鏡還有股份。

　　若以蔡家的角度觀之，金可入主寶島眼鏡，則是如虎添翼。因為金可是做鏡架與隱形眼鏡的廠商，以海昌眼鏡稱霸中國市場，但是一直沒有自有通路，而入主寶

島眼鏡，就立即擁有通路。換言之，金可原本只有縱向供應鏈，入主寶島眼鏡後就擁有橫向通路鏈，如此，整個產業鏈就完整地整建起來。

接著，在資金雄厚，發展愈來愈強勢下，寶島就啟動併購，併了南部的區域連鎖文雄、北部的區域連鎖鏡匠、新竹的區域連鎖樺碩，來擴大市場占有率。同時也自創不同定位的品牌來鎖定不同的客群進行滲透，諸如寶島定位在上班族，文雄、鏡匠、SOLOMAX 定位在學生、年輕客群，米蘭與 La Mode 定位在精品。

除此之外，寶島也著重既有店的升級與轉型，陸續將現有的內創店收編成直營店，也陸續對既有店進行二代店的改造。為了守住舊客，吸引新客，寶島還製作專屬的 APP 來強化會員經營，並聯名時下年輕人喜愛的人物，增加話題性，來吸引年輕客群。

寶島一路走來，不只專注於本業的驗光配鏡，還推出葉黃素、面膜、助聽器、蘇打水等商品，來做複合式經營，以滿足目標客群的消費需求。近年來更是與時俱進地往虛實整合的全通路智慧零售轉型。為了穩坐台灣眼鏡通路的龍頭地位，寶島不曾守成，一直在突破創新。

## ◆ 觀察評估解析

我在 1986 年主持寶島，將它經營成台灣業界第一大，後來它被它的一個供應商金可取得經營權。因為金可是鏡架製造商，寶島是眼鏡通路商，因此兩者一整合，就變成一個完整的產業鏈體系。

寶島能在短短數年內一躍成為全球最大的華人眼鏡連鎖集團，主要是因為它一路走來，做了 5 次轉變與轉型。

第一次轉變與轉型是從單店變成多店，再南北整合成連鎖系統，立即躋身台灣業界前三大。

第二次轉變與轉型是電腦化，建立 MA 訓練系統、職涯發展系統、保證系統。其中，保證系統成了寶島的核心價值，因為當時沒人提，因此寶島提了，就拉大與競爭者之間的差距。

而保證系統成了寶島的核心價值，也意味著比起客戶至上，產品研發乃是身外之物，因此我們不要堅持產品研發一定要自己來。因為自己研發不一定會命中，有時候還會錢燒光，壯志未酬身先死；研發應該擺在次要，市場需求才是首要。我們應該先觀察市場客戶要什麼，再找供應商有沒有現成的。有現成的就貼牌，沒現

成的就找學校談產學合作。面對市場客戶，唯有提供市場客戶要的，讓市場客戶埋單，才是王道。

第三次轉變與轉型是分權管理、內部創業。這是我在連鎖業首開風氣。導入內部創業制，讓總部既能有效掌控各分店，又能滿足員工創業需求，是推動員工更上一層樓的原動力。

當寶島已經超越得恩堂，成為業界第一大，寶島的競爭對手就是寶島自己，這時寶島的目標就變成每年業績都要有跳躍式成長，讓同業無法後來居上。而業績要有跳躍式成長，靠的就是優質菁英。我就是運用內部創業制來凝聚優質菁英，讓寶島的業績可以每年都有跳躍式成長。

無獨有偶，我主持小林眼鏡期間，也是運用內部創業制，讓小林的業績跳躍式成長，從業界第三大變成業界第二大。之所以沒有再跳躍式成長，從業界第二大變成業界第一大，主要是因為小林的 Owner 是寶島，要尊上，不能犯上。

第四次轉變與轉型是借殼上櫃。因為自己的企業要申請上市上櫃，光是調整既有的包袱，成本就很高，因此與其費心費力做如此多的消耗，不如借殼上市上櫃，

如此就可以立即卸下企業既有的包袱。

寶島就是直接併購上櫃公司，藉它的殼，而快速搖身一變成為上櫃公司。成為上櫃公司之後，募資也容易，如此就可以快速拉開與同業間的距離，快速成為業界第一大。這也意味著單靠自己的一己之力變成大企業，會很慢、很辛苦，要靠併購整合變成大企業，才會又快又容易。

第五次轉變與轉型是寶島分家，王家把經營權讓給蔡家，蔡家入主後，把供應鏈整合成產業鏈，創造綜效。接著又併購區域連鎖，更加奠定寶島在業界領先的地位。若再加上小林，其領先地位就是無人可動搖。這也可見，企業經營，不管怎麼玩，我們都要把它做大，做大到不能倒，才是王道。

時至今日，截至 2022 年，寶島的直營店展店數達340 家（不含策略聯盟店 142 家），仍是業界第一大。寶島能穩健的連鎖化，關鍵在 SI（Store Identity；店格共識）。若是沒有 SI，店開再多，都只能稱多店，不能稱連鎖。

換言之，連鎖是裝潢要一致，布置要一致，陳列要一致，放眼一看都一樣。若是 3 家店就有 3 個樣，裝

潢、布置、陳列都不一樣，就是多店，而不是連鎖。

當 SI 確定下來，所有店的裝潢、布置、陳列都一樣，就可以先備料，一簽約就立即裝潢，10 天後就能開店，如此，展店速度就快。

我主持寶島期間，SI 確定後，店面規模就建立了 A、B、C 三級，店面規格就建立了三角窗店面、單店面、雙店面、縱深店面 4 個標準。

標準化下來後，裝潢的系統櫃與陳列的商品 SKU（Stock Keeping Unit）數也規格化。

系統櫃的規格化，就如壁面櫃的長寬高是多少、中島櫃的長寬高是多少。而裝潢是用系統櫃，不用木作櫃，主要是因為木作需要專業木匠，遷點時也會一拆除就損毀，不能再利用。若是系統櫃，收納方便，拆除方便，拆除後也可以再利用。

商品 SKU 數的規格化，則如 A 級店的 SKU 數是 1000、B 級店的 SKU 數是 800，C 級店的 SKU 數是 600。

標準化與規格化之後，就是從年度目標規劃新年度要開幾家 A 級店、幾家 B 級店、幾家 C 級店，規格各是

如何。接著就在 10 月把新年度的規劃告知供應商，同時先付第一季的材料費，如此，供應商就樂意事先把材料準備好。

接著與房東簽約，租下店面後，就可以依店面規劃，7 天做天地的土水與水電，2 天進系統櫃裝潢，1 天商品上架，第 10 天開幕。

與房東簽約時，我還會向房東爭取裝潢期 45 天，如此，第 10 天開幕就賺了 30 天。當然，新店開幕的促銷優惠活動也不是開幕當天才宣傳，而是開幕前 10 天會有第一波文宣，開幕前 3 天會有第二波文宣，文宣發放是敲鑼打鼓，沿著周邊 1 公里繞一圈，如此，開幕當天才會人潮聚集。

而展店要能創造高營收，展店前就要做商圈調查與評估。我的展店成功率可以高達 99.3%，就是因為我在展店前做了商圈調查與評估。換言之，有事前的調查、評估、規劃與準備，成功率就高。若是率性而為，憑經驗與感覺來看事情，面對現在市場變化太快的環境，成功率就不高。

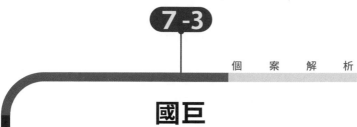

# 國巨
## 世界級被動元件大廠

◆ **公司經營理念**

速度、創新、效率、彈性

◆ **公司願景目標**

- 持續成長動能，成為被動元件的動能指標企業。
- 提供完整解決方案，成為全方位解決方案的領導供應商。
- 提供創新及客製化服務。
- 拓展國際能見度及規模。

◆ **公司發展沿革**

| 年份 | 重要大事紀 |
|------|------------|
| 1977 | 國巨股份有限公司成立，生產自動焊接機與碳膜電阻器。 |
| 1987 | 台灣阻抗股份有限公司成立。 |

| | |
|---|---|
| 1989 | 台灣阻抗股份有限公司與國巨股份有限公司合併經營，合併後，國巨公司消滅，存續之台灣阻抗公司更名為國巨股份有限公司。 |
| 1993 | 股票掛牌上市。 |
| 1994 | 成立百慕達國巨控股公司，從事國際電子零組件廠商之併購業務。<br>併購新加坡最大電阻製造商ASJ。 |
| 1996 | 併購德國電阻製造商Vitrohm，進入歐洲市場。 |
| 1997 | 新建高雄二廠完工並於8月投產，與原高雄一廠合計厚膜電阻產能將擴充至月產量50億顆以上，以發揮生產規模效益並提高產品競爭力。 |
| 1998 | 設立蘇州廠，布局中國市場，就近供應全球重要電子代工廠。 |
| 2000 | 併購飛利浦被動元件事業群，電阻產能登上全球第一。 |
| 2003 | 合併子公司飛元科技，飛元科技為消滅公司。 |
| 2005 | 以換股方式收購華亞電子股權，躋身全球前三大積層陶瓷電容供應商。<br>轉投資公司Global Testing於新加坡交易所掛牌上市，為台灣第一家在新加坡交易所掛牌上市的IC測試廠商。 |
| 2006 | 以換股方式收購宸遠科技股權。 |
| 2008 | 合併國眾開發有限公司。<br>合併華亞電子股份有限公司。<br>合併宸遠科技股份有限公司。 |
| 2018 | 併購君耀控股份有限公司。<br>併購美國普思電子公司。 |
| 2020 | 併購美國基美公司。 |
| 2021 | 併購奇力新電子。<br>為全球首家被動元件廠獲國際信評twA+評等。 |
| 2022 | 宣布收購德國賀利氏高階溫度感測器事業部。<br>宣布收購法國施耐德電機高階工業感測器事業部。 |

## ◆ 公司經營重點變化

國巨是做電阻器起家，創立初期，年營業額不到 100 萬美元，陳泰銘接手主持之後，企圖將國巨推向世界級企業之林，就透過一連串的擴廠和併購，讓產品線快速從被動元件的電阻擴及電容與電感，事業版圖也快速從台灣擴及海外。

首先，國巨是掛牌上市，藉由進入資本市場來獲取事業發展所需資金。接著，在新加坡和德國收購電阻製造商，就立即走出台灣，跨境經營，並於 1999 年超越日本 ROHM，成為全球最大晶片電阻器製造商。

2000 年，國巨以小吃大，以 180 億元的天價收購荷蘭飛利浦的被動元件事業群飛元和飛磁，立即從一個亞洲區的區域性企業變成國際化的跨國企業，不僅本業的電阻器產能倍增，原本微不足道的積層陶瓷晶片電容器（MLCC）與電感器材料鐵氧體（Ferrite）產能也立即躍居全球第四大與第二大。

國巨更是立即從電阻器供應商轉型成全球少數能同時供應電阻、電容、電感三大被動元件的供應商。

換言之，國巨併購飛利浦飛元和飛磁的綜效，就是促使國巨在被動元件的產品線更趨完整，能夠滿足客戶想要一次購足的需求。而飛元和飛磁的全球銷售通路，也促使國巨在全球通路的布建更趨完備，能夠提供客戶最即時的銷售服務。

　　為了更加滿足客戶想要一次購足的需求，國巨也繼續以併購的方式來快速填補現有產品線的不足，包括 2018 年以來，陸續收購天線和變壓器廠美商普思（Pulse）、保護元件廠君耀、鉭電容廠美商基美（Kemet）、電感廠奇力新、感測廠德商賀利氏與法商施耐德。

　　國巨可以不斷透過併購來不斷擴大被動元件的事業版圖而不失控，靠的就是以成本和效率為基礎的管理力和執行力。國巨透過這套經營模式，將不少被併企業轉虧為盈，也透過上位者的身體力行，將之形成企業文化。

　　如今的國巨，早已不是當初做傳統電阻器的近百家廠商中的一員，因為陳泰銘的雄心策略，國巨透過不斷整併，陸續將被動元件的三大領域站上全球第一，也從被動元件跨足電動車用的半導體主動元件，為了促進營收獲利成長，未來將往感測器等毛利率更高的特殊利基

型產品布局，也將以成為全球少數一次供應三合一完整方案的被動元件大廠邁進。

◆ **觀察評估解析**

其實對於製造業，大家總認為，比較難擴大，因為還多了工廠的管理問題，但是同樣都是製造業，國巨卻能做到成為全球被動元件三大領域「電阻、電容、電感」的前三大，其中，晶片電阻與鉭質電容是全球第一大，就相當值得我們學習。

國巨創辦人兼董事長陳泰銘，我認為他是一個很有企業經營與事業發展概念的人，他是有規劃性的透過併購的方式來壯大他的集團。

因為他深知，若是自己小小的做，不會有好的發展，因此只要看到與自己產業相關、做的不怎麼樣的公司，看準之後就去入主、併購，之後就把經營管理模式轉過去發展。國巨就是透過這樣不斷的整併，來擴大自己的產品線與事業版圖，從而快速壯大成一個大集團。

除此之外，國巨最強的就是接單能力。因為國巨有強大的接單能力，若是只靠自有工廠來供應，絕對不

夠，因此就往外發展，變成自己接單，再外包給協力廠做，如此就能發揮到最大效能。

而國巨做的是被動元件與保護元件，在全世界併購，就會創造一個優勢，那就是只要是需要這種電子零組件的工廠，國巨都能做到就近供貨，快速供貨。這就是國巨的事業能愈做愈大的重要關鍵。

這也可見，國巨是非常快狠準地在進行合縱與連橫的動作，只要看到哪一個工廠與它有上下游的供應鏈關係，或是可以成為它國際布局的通路鏈，就會設法入主，讓對方變成集團的一部分。國巨也透過這樣的產業鏈整合方式，不斷擴大自己在市場上的影響力，因此能穩坐全球前三大被動元件供應商的地位。

# 7-4

## 總結

寶島與國巨這兩個案例，讓我們體會到，要成為全球業界第一，並不是很困難，就看我們有沒有用心地運用併購或策略聯盟的方式，在全世界各地、在各種通路上滲透，取得經營主導權。

當我們懂得運用併購或策略聯盟的方式來擴大我們的事業，我們的事業發展就會變得很快。

再者，我們要運用併購或策略聯盟的方式來擴大我們的事業，也不一定都要花自己的錢，關鍵在借力使力，用銀行的錢來玩，因此我們不能等到缺錢了，才與銀行打交道，平時就要與銀行打交道。

我常常告訴企業經營者，從一個微型企業創業之後，就要開始增加公司的營收與獲利；公司的營收與獲利增加了，就有機會擴大；但是等到獲利很多，才開始擴大，就會緩不濟急；因此在獲利初期，就要與銀行打

好關係，透過平時與銀行的往來，當我們有需要向銀行融資時，就容易借到錢，之後「有借有還」，就「再借不難」，並且可以「借大發展」。

不要拿「我們公司很小」當藉口。與金融機構往來，透過金融機構的資金力量來擴大事業，是任何企業都勢在必行的。

當然，微小型企業若是沒有能力玩併購，就要玩策略聯盟。當企業從微小型擴大成中小型，就有能力玩併購，而有能力玩併購，就要玩併購，不要畏畏縮縮，找一堆理由藉口。企業經營一定要清楚認知，併購不是大企業的專利，只要有一點規模，就可以玩。我們只要找到適當的標的，可以讓我們達到掌握供應源、取得技術、取得新客戶與新通路、建立品牌的目的，得到互補或擴大的效益，我們就要玩。

正如昆盈就是透過併購美國的通路品牌 MSC，快速做進美國市場；鼎泰豐就是透過加盟連鎖，快速變成國際性品牌。

我們若要做進東協市場，鑒於台灣品牌不容易做進東協市場，日本品牌比台灣品牌更容易做進東協市場，再加上近年來日本有很多中小企業因為經營辛苦、老闆

年事已高、後繼無人，都在賣公司，我們就可以買日本公司。買了日本公司，就立即擁有日本品牌，可以快速做進東協市場。

精準獲利

**8**
Chapter

借力使力
運用分權模式集團化

# 經營策略的導用認知

　　企業經營要懂得運用分權管理模式來讓企業發展集團化。很多人都有一個錯誤迷思，那就是認為集團化是大企業的專利，自己是小企業，沒有條件集團化。其實集團化不一定是大企業的專利，只要懂得經營上的一些方法，哪怕是小微企業，公司人數不到 10 人，也可以發展成一個集團。例如 1 個人就是一個 BU（Business Unit；事業部），3 個 BU 與 1 個總部就能形成一個集團。

　　我主持企業時，只要公司條件許可，我都會導入分權管理模式的集團化經營。因為分權管理模式的集團化經營會讓我的管理動作少很多，變得很輕鬆。

　　那麼何謂分權管理？簡言之，分權不是放任，而是授權的執行，亦即我（CEO）給你目標，我給你某種程度的授權，你在我授權的這個範圍內可以自主，不需要問我。

　　而要如此操作，就要有配套工具。這個配套工具就是年度計畫，亦即我給你目標，又授權給你，我會怕你失控，因此你要把你要做什麼事情來實現目標的計畫告訴我，經我同意後，你就照計畫來執行。這是上對下、下對上的基本互動機制。

　　這也是我 40 多年來在經營與輔導企業時非常重視且不斷倡導的，企業經營必須跳脫過去中央集權的管理模式，不能再是老闆一個人主宰所有一切，全公司所有人員都要聽老闆的。

　　早期受到封建思想的影響，集權管理模式可以說是普遍存在於全世界。我們從政治體制的角度來觀察，1950 年代以前，全世界集權國家的占比相當多，但是二戰（1939 年至 1945 年）結束之後，民主化的概念便不斷地從強國滲透到其他國家，導致集權思想漸漸式微，也導致 1991 年蘇聯解體，整個中東歐、中亞國家紛紛解放。時至今日，全世界的集權國家大概就只剩下中國、北韓、古巴，以及一些落後國家。現在的越南，即便是共產黨執政，也不是集權國家。

　　而政治上的集權思想式微、民主化浪潮興起，也影響到企業界，因此企業若還想要集權管理，就會受到掣

肘。

我們可以看到，台灣企業自二戰之後快速蓬勃發展，走過 1960、1970 年代的加工熱潮，創造台灣的經濟奇蹟。可以說，台灣的第一次經濟奇蹟確實是靠著當時絕大多數的中小微型企業打拚出來的，這一點無可否認，但是台灣企業在 1980 年代以前幾乎都是家長式領導的集權管理模式，這就使得台灣企業雖然家數很多，但是不太容易發展成大型企業。

直到 1990 年代，PC 產業蓬勃發展上來，大型企業才漸漸出現，上市櫃公司也漸漸變多，大家才知道，企業是可以翻轉的，企業的管理模式可以從集權轉變成授權。

其實稍稍懂管理的人都知道，企業在創立之初，為了活下去，老闆要集權，但是當企業擴大之後，人數變多，老闆就要授權，否則就會失控。而要授權，就要建立功能型組織架構，建立權責表。有權責表，企業在發展過程上就不再是老闆一個人說了算，而是每個人都有權在他的本分職責裡做決策，如此，企業的整個組織運作就會變得很活絡，而不是像一灘死水一樣，只會等待指示、聽命行事。

不過，時至今日，集權管理已經落伍，授權管理不

再當道，分權管理才是王道，即便我們不想導入分權管理也不行。因為 35 歲以下的新世代不會再像 50 歲以上的老世代與 35~50 歲的中生代一樣聽話。

老世代是忠誠，中生代是配合度高，新世代是自我意識強，我們不能管他。我們只要管他，講他一句，他就會回我們三句；講得太重，他就會因為不爽而不做。

因此，面對新世代的勞動價值觀，我們不能再拿對待老世代與中生代的那一套來對待他，我們不能再把「想當年我是怎麼打拚」的辛苦談掛在嘴邊。我們過去的打拚，他來不及參與，他只看到我們現在的享受。要讓他願意打拚，就只有靠分權管理。

換言之，集權管理是家長式領導、威權管理，亦即大家都要聽我（老闆）的，我一人獨大。台灣在 1980 年以前的主流是集權管理，1980 年以後的主流就變成授權管理。會變成授權管理，主要是因為台灣創造經濟奇蹟後，產業快速發展，很多企業都從微型、小型快速變成中型、大型。

微型企業人數在 10 人以下，老闆還可以放眼望去，一切盡收眼底，而可以一手掌控。變成小型企業之後，人數在 30 人以上，老闆就無法一切盡收眼底，這時若

是還要一手掌控，就會出現灰色地帶。變成中型企業之後，人數在 300 人以上，老闆更無法叫出每個人的名字，這時若是還要一手掌控，就會手忙腳亂到失控，同時也會陷入管理的迷思，亦即老闆為了一手掌控，就會不斷開會。

而員工的學習時間都被開會占用，沒有時間學習，會開愈多，人愈笨，最後開會就變成一言堂，亦即 3 小時的會議，老闆講了 2 小時，最後 1 小時問大家有沒有意見，沒有意見就再作一點補充。

然而，新世代都不太會在會中聽老闆侃侃而談，而是會在一旁玩手機。如果公司禁止開會帶手機，他也會坐在那裡發呆或舉手吐槽，因此老闆不能動不動就開會，想要藉由開會掌控一切。新世代都不容易被駕馭，尤其是菁英，因此想要新世代菁英發揮戰力，就只有透過分權管理。

相較於授權管理是你（員工）沒有獨立，我（老闆）只給你某一個權限，分權管理則是你已經半獨立，甚至完全獨立，可以自主經營，自己作決定。

分權管理會愈來愈重要，主要是因為 1980、1990 年代出生的新世代開始主導職場文化。新世代與舊世代之

間有著非常大的世代差異，舊世代服從性高，因為過去的勞動市場是供給大過需求，工作不好找，為了保住工作，會認命服從、乖乖聽話。現在的勞動市場是需求大過供給，再加上新世代的教育程度普遍較高，自主意識也強，不會乖乖聽話，企業就會面臨很大的挑戰。

常有人問我：「為什麼現在的人穩定度都不高，一異動，就很難再找人進來？」其實這是現在勞動市場的常態。因為科技進步，智慧型手機普及，網購盛行，很多年輕人不一定要進入職場工作，單憑手機和電腦，自己一個人就可以電商創業。這也是為什麼 2000 年之後，台灣的電商產業會蓬勃發展的主因。

再者，新世代畢業後初入社會，雖然促使勞動市場勞動力增加，但是自主工作與創業思潮也隨之興起，同時引發過去已在勞動市場工作一段時間的人開始有自己出來創業的想法。因此，企業若想沿用過去的經驗模式，堅持找一大堆人來工作，就會一直深陷缺人的困擾。

面對現在自主意識強、創業意識也很強的新世代，我們若想招攬他們為我們所用，就要導入分權管理模式。分權管理模式下，我們就不是靠我們自己的力量單打獨鬥，而是集合眾人的力量來讓我們的事業快速擴

大，讓我們可以集團化發展與國際布局。換言之，分權管理模式下，我不再是一家一人創立的公司，我能將很多想要發展自己事業的人整合起來，用共存共榮共利的方式來運作。

這也意味著我們若要導入分權管理模式，首先就要懂得多元化發展，懂得整合，不能再堅持什麼都要自己來管控，要捨得放手讓這些自主意識強的人自己去發展。這是我們導入分權管理模式前應有的基本認知。

分權管理模式可以體現在彼得‧杜拉克（Peter F. Drucker）的責任中心制、稻盛和夫的阿米巴制、IBM 的 BU（事業部）制，以及我在 1986 年創建的內部創業制。

杜拉克會把分權管理模式稱為責任中心制，主要是要強調中心主管必須有「創造經營績效，我責無旁貸，我沒做就是我死」的當責意識，不能推責。

杜拉克提出責任中心制的概念之後，日本稻盛和夫就將之設計成阿米巴制，應用在他主持的京瓷上，讓京瓷一躍成為全球前三大被動元件廠。

稻盛和夫會被尊稱為日本經營之聖，則是因為他在 2010 年接手主持鉅額虧損而瀕臨倒閉的日本航空，讓日

航在短短 1 年內轉虧為盈，2011 年一躍成為全球航空公司獲利王，2012 年重新上市。稻盛和夫能挽救日航，使之起死回生，也是靠阿米巴制。

稻盛和夫之後，美國 IBM 在 1993 年陷入鉅額虧損而瀕臨倒閉，為了自救，啟動了組織重整與再造，將組織扁平化，變成多個 BU，分散在全世界，每個 BU 的組織層級都縮減至只剩 2~3 個層級，如此，上下溝通更快，決策更快，又要自負盈虧，就讓 IBM 起死回生。

因為後人從 IBM 的組織再造與組織扁平化學到有效，因此就把同樣都是分權管理概念的責任中心制與阿米巴制統稱為 BU 制。換言之，BU 制＝阿米巴制＝責任中心制。責任中心制一詞是盛行於 2000 年以前，BU 制一詞是盛行於 2000 年以後，我們不要把它們視為不同概念了。

1986 年我則在責任中心制的基礎上設計了內部創業制，應用在我主持的寶島眼鏡上，讓寶島眼鏡快速變成業界第一大。後來曼都與王品也都在我的輔導或講課上學了內部創業制來導用，因此也快速變成業界第一大。內部創業制除可用在零售流通業外，也可用在製造業與電商產業。

若以組織架構觀之，通常當組織層級一多，就要考量到採行自主管理與自主經營模式的可行性。因為當組織規模愈大、層級愈多、單位愈多，管理的到位度就愈低，還在集權管理，一定失控，若是改成授權管理，也會很累，只有改成分權管理，才會輕鬆。

　　分權管理就是把一個大組織拆解成很多個小組織（BU），每個小組織都要自立自強，如此一來就會自動自發。每個小組織為了組織利益與榮譽的創造，也會活性化，如此一來就會帶動大組織經營績效很好。

　　若以責任中心制觀之，我根據杜拉克的概念而設計的責任中心可分成 5 種中心，分別是成本中心、收益中心、費用中心、利潤中心、投資中心。當我們清楚各中心的職責功能是什麼，就會不管設立的中心有多少，都不怕失控。

　　而各中心的職責功能是什麼？以台灣企業最常用的成本中心與收益中心而言，只要是生產單位，諸如工廠、生產線，都適用成本中心。只要是業務單位、營業單位、銷售單位，諸如分公司、門店櫃，都適用收益中心。成本中心與收益中心的共同點都是沒有財務權，不同點則在成本中心只有採購權，沒有銷售權，只能連工

帶料做公司要的，若要獲利，就要努力做到成本與費用降低；收益中心只有銷售權，沒有採購權，只能賣公司給的，若要獲利，就要努力擴大營收，維持毛利率。

當然，責任中心制不是大企業的專利，小微企業也適用責任中心制。通常小微企業都是買賣業，不會是製造業，因此實施的責任中心制都是收益中心，不會是成本中心。

綜言之，企業經營要勝出，有四大關鍵，分別是：品牌有價，通路為王，商品命中，團隊優質。分權管理模式就是讓我們用來留住優質菁英、不要讓優質菁英離開，讓優質菁英在我們的體制下跟著我們的事業一起發展、共存共榮共利的有效方法。

分權管理的重要精神就是自負盈虧，創利分享。集權管理已經落伍，特別是當組織規模愈來愈大時，老闆若是還在中央集權，想要一個人掌控所有決策，就會做得很累、很辛苦，也會忙到沒有時間靜下心來規劃公司的未來，導致公司再怎麼努力，都一直在原地打轉。若是導入分權管理，放手讓公司的優質菁英在我們的體制下去發展他們想做的事業，讓他們自負盈虧，有賺就分，他們就會留下來與公司共襄盛舉，讓公司快速做大。

正如我經常說，不要當一個賺錢的老闆，要當一個算錢的老闆。若是拆文解字來看，賺錢的賺，左邊是貝字，右邊是兼字，就意指當老闆的我，想要很有錢，就要親自去兼做所有的事情，如此就會很累。若是算錢的算，上面是竹字，代表皇帝的皇冠；中間是目字，意指眼睛；下面是廾字，代表團隊駕著馬車；整個字就意指當老闆的我，想要很有錢，只要看著我的團隊去打拚就好，也就是眾人賺錢，我算錢。這就是從賺到算的差別。這也是借力使力的道理。當一個領導者，若是懂得借力使力，絕對可以把事業做得很大。

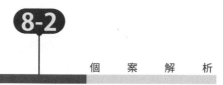

# 震旦
## 台灣最大辦公設備供應商

### ◆ 公司經營理念

顧客滿意、同仁樂意、回饋社會、追求永續經營

### ◆ 公司願景目標

致力於成爲華人辦公產業領導品牌。

### ◆ 公司發展沿革

| 年份 | 重要大事紀 |
|------|-----------|
| 1965 | 震旦行股份有限公司成立。<br>引進台灣第一台桌上型計算機、第一台AMANO 打卡鐘及NIKKEI 中文打字機，投入辦公事務商品經營領域。 |
| 1966 | 於台中成立第一家分公司。 |
| 1970 | 引進美樂達（MINOLTA）電子影印機，跨入影印機銷售服務事業。 |

| 1971 | 發行《震旦月刊》。 |
|---|---|
| 1975 | 引進夏普（SHARP）影印機。<br>實施責任中心制度。<br>成立美國分公司，跨出海外經營第一步。 |
| 1979 | 引進理光（RICOH）傳真機。 |
| 1976 | 成立日本分公司。 |
| 1980 | 成立金儀股份有限公司，代理美樂達系列商品。 |
| 1982 | 自有品牌震旦（AURORA）計算機正式在台灣上市。 |
| 1984 | 成立互盛股份有限公司，代理理光系列商品。 |
| 1985 | 啟用企業標誌與企業識別系統。 |
| 1988 | 引進AT＆T電話通訊設備、NEC系列商品、MOTOROLA汽車電話、DIGITAL 迷你電腦、RICOH 電子零件，跨足通訊及資訊產業。 |
| 1990 | 成立辦公家具事業部，涉足家具產業。 |
| 1991 | 震旦行股票掛牌上市。 |
| 1992 | 台灣震旦國際大樓正式啟用。 |
| 1995 | 投資中國事業，於上海嘉定開發震旦園區。 |
| 1997 | 成立震旦通訊連鎖店，開拓行銷通路。 |
| 1999 | 互盛股票以電子產業類在台灣上市。 |
| 2003 | 上海震旦國際大樓落成，躍升上海浦東新地標。 |
| 2006 | 震旦榮獲中國馳名商標。 |
| 2010 | 參展上海世博會，成為世博會160 年來第一個建館參展的台灣企業。 |
| 2012 | 震旦家具於上海嘉定園區完成一條龍產銷合一布建。<br>與韓國福喜世集團合資成立震喜家具有限公司。 |

| | |
|---|---|
| 2013 | 震旦博物館正式開館。<br>震旦3D 印表機上市，成為業界唯一擁有2D+3D 行銷通路。 |
| 2014 | 成立震旦雲端事業部，推出震旦辦公室，開創新市場。<br>入股通業技研股份有限公司，強攻兩岸3D 列印市場。<br>震旦數碼複合機再獲中國馳名商標，成為擁有家具類及OA 類雙馳企業。 |
| 2016 | 攜手台灣中醫大、上海交大成立兩岸3D 醫療平台。<br>於上海成立震旦雲印刷，打造企業商務級印刷服務專家。<br>震旦通訊跨足保養保健商品市場，轉型為全新生活智慧館。<br>攜手中國醫大體系成立長陽生醫國際，提供3D 數位醫療服務。<br>攜手日本柯尼卡美能達成立康鈦科技，專攻高階印刷市場。 |
| 2017 | 於上海成立震旦云科技，進軍互聯網。<br>震旦通訊與台灣夏普聯手打造O2O 複合式通路。 |
| 2018 | 通業技研與Nano Dimension 攜手搶攻電路板3D 列印市場。<br>攜手義大利品牌ESTEL 帶來義式智慧辦公。 |
| 2019 | 震旦家具推出AURORA Health Care 醫療家具。 |
| 2021 | 擴大服務範疇，「震旦辦公家具」更名為「震旦家具」。<br>成立震旦家居品牌，跨足兒童家居領域。<br>成立i SPACE智能應用中心，正式從OA領域跨足智能應用。 |
| 2022 | 成立「未來辦公式」展示中心，協助企業低碳轉型。 |

#### ◆ 公司經營重點變化

　　震旦行是從小小的貿易公司代理銷售天野牌打卡鐘起家，成立時，員工數只有 8 人。我是在 1972 年震旦行開始代理銷售美樂達影印機之後進入震旦行當人事專員。

1975 年震旦行開始代理銷售夏普影印機。夏普影印機的代理權是由我代表公司到日本與夏普洽談出來的。1975 年震旦行實施責任中心制。震旦行的責任中心制也是由我規劃建置的。

1975 年震旦行設立美國分公司，董事長陳永泰就告訴公司的主管幹部：「我的事業將來傳賢不傳子。」因此公司的主管幹部都對公司死心塌地的投入。當然，至今傳賢不傳子的事業只有台灣事業，對於美國事業與中國事業，陳永泰就是分別交給他的女兒與兒子經營。

1979 年震旦行開始代理銷售理光傳真機，後來理光影印機的代理商宣告破產，震旦行也買下它來接手經營，從此之後，除全錄與佳能外，台灣影印機、傳真機等事務機器的代理權就三國歸一統，都在震旦行手上。而震旦行會買下理光影印機的代理商，主要就是因為當時震旦行代理銷售的美樂達影印機的兩大競爭對手是理光與佳能。其中，佳能太強勢，併不了。理光適逢其時，可以併。

1982 年震旦行開始銷售自有品牌計算機。為了銷售這個自有品牌計算機，震旦行還在 1977 年蓋了計算機工廠。這個計算機工廠早期是做代工，後來才做自有品牌。

1990 年震旦行成立辦公家具事業部，時至今日，震旦行在中國的最大事業就是辦公家具事業，已位居中國前三大，因此 2000 年才有上海震旦家具分立出來。

2004 年震旦行在上海浦東蓋了震旦國際大樓。時至今日，能在上海蓋大樓的台商也只有震旦行而已。

2010 年震旦行在上海世博會參展。當時台灣企業在上海世博會參展只占 3 個館，分別是台灣館、台北館、震旦館，震旦行獨立展出的震旦館就成為上海世博會唯一的台灣企業館。

2012 年震旦行與韓國家具集團福喜世合作拓展中國辦公家具市場。福喜世是銷售公司，不是工廠，工廠在嘉定。震旦行會與韓國企業合作，主要是因為韓國在電子產業、汽車產業、辦公設備產業的發展比台灣先進。

2013 年震旦行在上海浦東開了震旦博物館。這是因為陳永泰喜歡收藏中國古文物。時至今日，能在中國擁有私人博物館的台商也只有震旦行而已。

2014 年震旦行跨足 ICT（資通訊）產業與 3D 列印領域。 2017 年震旦行把通訊事業的 66% 股權賣給鴻海。因為鴻海在發現不能與蘋果合作經營門市後，又想要真

正擁有門市，就找震旦行合作，以台灣夏普的名義買下震旦行的門市。

隨後，創新科技與數位浪潮及 ESG(Environmental，Social，Governance) 浪潮一波未平一波又起，震旦行在專注辦公本業的深耕之餘，也不斷創新數位轉型與 ESG 的商業模式，從智慧辦公、綠色辦公、雲端應用、3D 列印到醫療應用，以滿足客戶想要打造更舒適健康、高效智能、環保低碳的辦公環境的需求。

◆ **觀察評估解析**

震旦行可以在 50 多年的時間內從小小的貿易公司成長成大大的企業集團，主要是因為做了 3 次轉變與轉型。

震旦行的第一次轉變與轉型在 1970 年代，主要是設了訓練中心與分公司，分公司又實施責任中心制，因此能快速成為業界第一大。

換言之，震旦行是台灣第一家率先成立訓練中心的企業。震旦行會成立訓練中心，主要是為了自己培育自己的業務團隊與經營管理團隊。我當秘書室經理期間，震旦行的教育訓練都是每晚做，由我主持。

再者，震旦行與同業一樣，在全台北中南各地都設有分公司，然而，震旦行能從同業中勝出，就是因為震旦行實施了責任中心制，把分公司改制成收益中心，讓有能力的人都可以出去掌控一個中心，擁有自己的一片天，只要當責，就能享有分紅的好處與權力的好處，因此有企圖心的人都願意自動自發、自我優質化。

而人員優質化了，公司業績自然水漲船高，同時也吸引外面更多的優質菁英進來共襄盛舉，讓公司快速成長，一躍成為業界第一大。

震旦行的第二次轉變與轉型在 1980 與 1990 年代，主要是做了集團化經營，亦即震旦行先是成立了子公司金儀與互盛，後來又把全台所有事務機器的控制權掌握在自己手裡，因此能快速擴張整合成以事務機器為主的集團事業。如今就如台塑集團是石化產業的代名詞，震旦集團也成為事務機器的代名詞。

震旦行的第三次轉變與轉型在 2000 與 2010 年代，主要是做了國際布局。因為台灣的市場規模不大，只有2300 萬人口，而且總人口開始負成長，再加上消費習性改變，這時還守在台灣，營業額就會進入高原期，止於現狀，甚至進入衰退期，愈做愈少。

若要透過轉型來因應，又會因為做得很累而轉不過來，因此要讓營業額持續成長，最快的方式就是走出去，做國際市場。而震旦行走出去，做國際市場，不是靠一己之力，而是靠轉投資、合資與併購，因此能快速從內銷企業變成跨國企業。

這也意味著中小企業要走出去，做國際市場，絕不是靠一己之力，而是靠合資、併購或策略聯盟。因為台灣的中小企業很少會儲備國際化人才，若要靠自己的團隊來做國際市場，速度太慢，唯有直接併購當地企業，直接運用被併公司的人才，才能快速進入大幅成長擴張的新境界。

震旦行經歷了 3 次轉變與轉型。除轉變與轉型外，震旦行一路走來，也遇到了 2 次重大挫折。第一次挫折，我有參與其中。第二次挫折，我已離開震旦行，就沒有參與其中。

震旦行的第一次挫折是敗在 1971 年爆發石油危機，導致公司業績大降。當時震旦行有 78 家分公司，10 部大卡車，物流都是自己來。

而我是在 1972 年進入震旦行當人事專員，因為對主管交辦的工作來者不拒，因此 4 個月後就升任副理，6

個月後就升任秘書室經理，兼管人事、法務、稽核、企劃。當公司業績被石油危機拖垮時，我就被董事長與總經理找來談話：「你身兼人事主管，公司要整併裁員，你就負責處理吧！」

當時我問：「要處理到剩多少？」

董事長陳永泰就回：「員工數從 2800 人砍到剩 1/3，分公司從 78 家砍到剩 25 家，所有資產全部變賣掉。」

因為裁員人數高達千人，離職面談不可能一個人一個人個別面談，因此我就改成一個部門一個部門集體面談，同時也把公司的 10 部大卡車等所有資產全部變賣掉，只剩辦公大樓，才不負所託在 10 天內完成任務。

完成任務之後，陳永泰又找我來談話：「你這次表現很好，但是現在只是把公司穩住而已，你再想想怎麼救公司？」我雖然心想這似乎不是我的職責，但是還是接下這個任務。這個任務也讓我第一次失眠，3 天睡不著覺。

後來我到台北市重慶南路的書店街找書，發現了杜拉克主張的責任中心制，覺得是拯救公司的很好方法，但是理論看懂了，卻不知道怎麼規劃設計才可行，就又

到圖書館找資料。

結果發現當時台塑與大同都有實施責任中心制的利潤中心，最後就找台塑總管理處 7 人決策小組的楊兆麟求教。

楊兆麟不藏私地告訴我，台塑是如何運作利潤中心（實為成本中心）的，但是最後也提醒我：「你回去後要想清楚再導用。因為我台塑的運作模式不完全適合你震旦行，台塑是製造業，適合用成本中心，你震旦行是買賣業，你若全部照抄，就會死得不明不白。」

楊兆麟的這句話也讓我頓悟到，學到的理論與方法要導用，不能全盤套用，必須量身訂做，才有效果。因此，回到公司後，我就做了加工，把適合台塑這個製造業屬性使用的成本中心運作模式，改成適合震旦行這個買賣業屬性使用的收益中心運作模式。

結果實施後，果然讓震旦行起死回生，一年後業績翻一倍，我也因此以 25 歲之齡，進入公司的經營決策核心。

震旦行的第二次挫折則是敗在 2000 年轉投資事業儂特利出現巨額虧損。因為震旦行的調性是硬的，餐飲業的調性是軟的，震旦行玩硬的（事務機器）產業玩習慣

了，再用玩硬的產業的管控模式來玩軟的產業，就會玩不起來。

這一點，我在離開震旦行之前曾作提醒。因為我在當秘書室經理時，兼管過 2 家西餐廳與 1 家夜店，深知裡面的水很深，震旦行玩不起。

但是因為當時日本儂特利主動找震旦行合作，告訴震旦行很多合作的好處，再加上有麥當勞與肯德基的成功案例在前，因此震旦行就在 1986 年引進儂特利的速食店來經營。

結果震旦行沒有對儂特利設立停損點，儂特利的經營模式也出了問題，亦即相較於同業都有在地化，儂特利還堅持一切都要從日本進口，如此成本就高，再加上營運虧損後，日方負責人為了面子，一直堅持不收攤，震旦行指派擔任儂特利總經理的專業經理人也不敢與日方據理力爭，結果就導致虧損的洞愈破愈大，大到填不了。

震旦行也因與儂特利交叉持股，受到拖累。這就逼得已經全部交棒出去、退居幕後的陳永泰不得不再出面重新接管，重新整頓，聚焦於本業事務機器的經營。結果這一聚焦又讓震旦行快速在 2 年內起死回生。

我們現在在檯面上看台灣企業，都會先看那些大企業，而忽略了震旦行。其實震旦行是一家默默在賺錢的公司，我在當震旦行秘書室副理時，陳永泰就告訴我：「依你的表現，有一天你一定會成為經營者，但是你要記得，錢要恬恬賺，不要愛出風頭。」這句話影響我一生，我一直信守他當時告訴我的這一句話，既不參加社團，也不與別人爭名位。他自己也身體力行，在台灣商界，他並沒有強出風頭去爭取工總、商總等工商團體的理事長名聲，可是他的成功是大家有目共睹的。

光是我們站在上海外灘看浦東就會看到的震旦大樓，台灣就沒有哪一家企業可以在上海蓋自己的大樓。更何況上海舉行世博會時，台灣也沒有哪一家企業參展可以有自己的館。這是非常不容易的事情。

而震旦行能有今天這樣的地位，就是靠分權管理的集團化經營做上來。分權管理的集團化經營，讓震旦行可以從一個微不足道的 Nobody，快速變成如今在辦公設備、辦公家具、辦公雲端、辦公軟體、3D 列印等多個領域都具有影響力的 Somebody。

個　案　解　析

# 大學光學
## 台灣最大眼科連鎖集團

#### ◆ 公司經營理念

看得清楚、看得舒適、看見新未來

See Clear、See Comfort、See the Future

#### ◆ 公司願景目標

持續關注全球領先的眼科及視光設備，協助合作診所引進頂尖的醫療技術，同時追求更感心客製化的高品質顧客服務，立志成為亞太眼視光第一品牌。

#### ◆ 公司發展沿革

| 年份 | 重要大事紀 |
|---|---|
| 1992 | 第一家眼科診所新南大學眼科成立。<br>第二家眼科診所三峽大學眼科成立。 |
| 1994 | 大學光學眼鏡股份有限公司成立。 |

| | |
|---|---|
| 1996 | 第三家眼科診所新莊大學眼科成立。<br>大學眼科總管理處成立。 |
| 1999 | 因應業務擴充型態之需，更名為大學光學科技股份有限公司。 |
| 2000 | 大學眼科診所（台北市忠孝東路）成立。 |
| 2001 | 大學眼科診所（台中市中港路）成立。 |
| 2002 | 大學眼科診所（台南市）成立。 |
| 2003 | 與台灣大學創新育成中心合作，設立研發中心。 |
| 2004 | 股票掛牌上櫃。<br>鳳山診所、永和診所、新竹診所成立。 |
| 2005 | 第15家大學眼科成立，成為國內知名的眼科聯盟體系。 |
| 2007 | 第一家大學眼鏡門市於台北市成立，同年展店達35家，為國內同時橫跨眼科與眼鏡門市的聯盟體系。<br>成立大學醫學美容中心，跨足醫學美容。 |
| 2012 | 與上海市瑞東醫院眼科戰略合作，設立中國第一個太學眼科據點。 |
| 2014 | 收購寧波市明視康眼科門診部，成立寧波太學眼科。 |
| 2015 | 第16家三重大學眼科與第17家南崁大學眼科成立。<br>與蘇州市明基醫院戰略合作，共建太學眼科中心。 |
| 2016 | 與寧波市第一醫院戰略合作，共建太學眼科中心。<br>第18家龍潭大學眼科成立。<br>大學眼鏡與Zeiss戰略合作，驗配全面數位化，獨創大學i精準智能驗配術。 |
| 2017 | 第19家燦明大學眼科成立。<br>杭州太學眼科成立。 |
| 2018 | 第20家士林大學眼科成立。<br>與杭州蕭山經濟技術開發區醫院合作共建蕭山開發區醫院太學眼科中心。<br>與橫店文榮醫院合作共建橫店文榮醫院太學眼科中心。 |

精準獲利

| 2019 | 第20家中和興南大學眼科與第22家嘉義大學眼科成立。引進SMILE飛秒雷射角膜儀。 |
| --- | --- |
| 2020 | 第23家東勢大學眼科成立。<br>第24家朴子大學眼科成立。 |
| 2021 | 杭州太學眼科門診部拱墅分中心成立。<br>第25家潮州精華大學眼科成立。<br>寧波太學眼科兒童青少年眼視光分部成立。 |
| 2022 | 第26家嘉義垂楊大學眼科與第27家尚儒大學眼科與第28家豐原大學眼科成立。<br>引進全新一代SMILE PRO全飛秒近視雷射設備。<br>引進Presbyond老花近視雷射MEL90準分子雷射儀。 |

## ◆ 公司經營重點變化

　　大學光學是從眼科診所起家，後來漸漸形成連鎖體系。2007年開始跨足眼鏡業，成立第一家眼鏡門市，我也於此時接手當總經理，同年展店達35家。展店高峰則在2008年，主要是透過併購中南部區域眼鏡連鎖，展店數快速達到87家。

　　在跨足眼鏡業之餘，大學光學也跨足醫學美容業，成立醫學美容中心。這是因為我向董事長歐淑芳和總裁林丕容分析，眼科與牙科是當紅炸子雞，市場競爭激烈，而整外（整形外科）是潮流，特別是頸部以上、臉部周邊的微整形，很有市場，因此醫美就成為大學光學的第三個重要體系。

大學光學的總部最初是掛在台大水源校區的育成中心，大學光學也藉地利之便，在育成中心設立研發中心、開辦店主管的 MA（Management Associate）培訓，直到 2010 年有錢了，才從育成中心搬至南港軟體園區，正式有了自己的總部。接著就往中國拓點。

　　截至 2022 年，大學光學在台灣共有 28 家眼科診所與 33 家眼鏡門市，在中國共有 11 家眼科診所與 11 家眼鏡門市。台灣營收占 75%，年增 36%；中國營收占 25%，年增 24%。

　　因為看好近年兩岸近視人口驟增，且發生年齡提前，但是屈光雷射手術滲透率仍低的這個視力矯正族群市場，大學光學將繼續致力於兩岸據點的擴充。


### ◆ 觀察評估解析

　　我與大學光學的緣分始於 1992 年我幫寶島集團併購小林眼鏡，1993 年我開始兼任小林眼鏡總經理期間，大學光學總裁林丕容就到公司來拜訪我，問我有沒有機會來幫他。因為我當時是小林眼鏡總經理，我自己有為自己訂定一個旋轉門條款，接一個行業 10 年內不會再接第二家，所以我婉拒了他。

結果他真的等了我 10 年，在 2006 年的時候來找我，我就在 2007 年接手。我接手之後，就將大學光學分成兩個體系：一個是眼鏡連鎖；一個是眼科診所。

相較於寶島眼鏡是運用併購聯盟的方式，以內部創業制發展壯大，大學光學的眼科診所則是運用借力使力的方式來做大，這個方式讓大學光學快速變成台灣獨一無二的醫療連鎖。

因為台灣法律規定，企業不能經營醫療產業，只有醫師才可以掛牌，因此大學眼科現在在全台有好幾家眼科診所，其實都是用連鎖的方式，跟有心想要創業的眼科醫師來合作，亦即我在大學眼科導入委任經營制，由總部負責診所的所有投資，再讓光棍醫師帶著他的技術來主持，診所所需的醫療耗材則向總部買、設備則向總部租，店租、水電、人員雇用等費用則是掛負責人的醫師付，之後有賺就分。如此一來就可以讓很多有能力卻沒有足夠財力創業的年輕醫師可以自己開診所。

換言之，大學光學與眼科醫師合作，用的是大學眼科的招牌，但是整間診所其實是眼科醫師的診所。這就是整合，當我們懂得借力使力來整合，企業的發展空間就會非常大。

而大學光學建立台灣眼科診所首創的連鎖模式，就值得我們觀摩學習，不要拿法令限制當藉口，只要願意轉個彎想對策，就能不違法，又達到效果。

大學光學也跨足眼鏡連鎖，因為它深知只靠自己做太慢，因此就用整併的方式快速擴大，接著再把績差、賠錢的門市淘汰，如此，雖然總體業績變少，但是獲利變多。這也可見，企業經營想要快速茁壯、擴大，就要善用併購，不要什麼都要自己從零做到有。

有了這個實證有效的經營模式，大學光學也將它複製到中國發展，同時也導用了眼科技術設備等新科技，做出口碑，因此它的股價快速漲破 400 元。這對眼鏡業來說，是相當不容易的。

因為同樣是眼鏡業的寶島，雖然穩坐業界第一大，同時也是上市櫃公司，股價卻是多年來就一直在 60 元上下起伏。大學光學可以做到與寶島之間有這樣大的股價落差，主要歸功於大學光學不只有眼鏡連鎖，還有眼科診所，更看準整形外科是一個潮流，跟上潮流就會如魚得水，因此跨足醫美後，整個股價就水漲船高。

換言之，大學光學沒有守在本業，而是運用同心圓理論發展成眼科、眼鏡、醫美、保健食品的集團化經

營。大學光學的同心圓模式是眼科為本業（同心圓第一個圓），眼鏡為周邊（同心圓第二個圓），醫美（頸部以上的微整形）與保健食品（諸如葉黃素）是跨入異業（同心圓第三個圓），因此業績可以在 12 年間從 1 億元倍增至 20 億元。

很多企業做了 20 年，也沒有做出業績或利潤有 20 倍的成長。要業績或利潤有 20 倍的成長，靠的不是資歷有多深、能力有多強，而是經營有沒有用對方法，產生價值。若是經營有用對方法，產生價值，每年的業績或利潤都有 30% 的成長，以複利計算，5 年就會有 3 倍以上的成長。這也意味著企業經營，若是業績或利潤沒有在 5 年內翻倍成長，就代表經營沒有用對方法，產生價值。

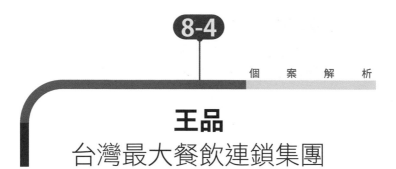

# 王品
## 台灣最大餐飲連鎖集團

### ◆ 公司經營理念

以熱忱的心款待顧客

以關懷的心了解同仁

以尊重的心面對廠商

### ◆ 公司願景目標

傳遞餐桌上的美味關係，成為最具影響力的餐飲集團。

### ◆ 公司發展沿革

| 年份 | 重要大事紀 |
| --- | --- |
| 1993 | 於台中使用台塑企業招待所，成立第一家王品台塑牛排－台中文心店。 |
| 1994 | 成立共同決策中心－中常會。 |
| 1998 | 與國立高雄餐旅管理專科學校進行建教合作。 |

| | |
|---|---|
| 2001 | 成立西堤牛排。 |
| 2002 | 成立陶板屋。 |
| 2003 | 於中國成立王品牛排。 |
| 2004 | 成立原燒、聚鍋。<br>制定王品集團憲法。 |
| 2005 | 成立藝奇、夏慕尼。<br>於中國成立西堤牛排。 |
| 2007 | 成立品田。 |
| 2009 | 集團由「Wanggroup」更名為「Wowprime」。<br>成立石二鍋。 |
| 2010 | 成立舒果。 |
| 2011 | 成立曼咖啡。 |
| 2012 | 股票掛牌上市。<br>與菲律賓Jollibee合資發展石二鍋中國市場。 |
| 2013 | 於中國成立花隱、LAMU。<br>成立hot 7 禾七。<br>與新加坡莆田集團合資發展舒果新加坡市場。 |
| 2014 | 成立ita 義塔。<br>與熊貓餐飲集團合資發展原燒美國市場。 |
| 2015 | 代理新加坡莆田，首度跨足中餐領域。<br>於中國成立鵝夫人。 |
| 2016 | 成立酷必Cook Beef、麻佬大。<br>於中國成立Gun 8 辣椒。 |
| 2017 | 成立乍牛、沐越、青花驕。<br>Gun 8 辣椒更名為蜀三味。 |
| 2018 | 成立12MINI、享鴨、丰禾日麗、樂越、禾樂鉄板燒。<br>於中國成立舞漁、鮨鮮。<br>成立萬鮮股份有限公司，整合集團中央廚房、原物料整備、裁切加工等業務。 |

| 2019 | 成立THE WANG。<br>於中國成立海狸家、鵲玥。<br>舒果更名為Su/food。<br>成立食藝研發中心。 |
|------|------|
| 2020 | 成立和牛涮、薈麵點、町食。<br>丰禾日麗更名為丰禾。<br>打造全新王品瘋美食APP。 |
| 2021 | 成立肉次方、尬鍋、嚮辣、來滋。<br>於中國成立和牛涮、西川霸牛、金鳳來儀、amigo。<br>王品瘋美食購物網改版上線。 |
| 2022 | 成立最肉、初瓦。<br>於中國成立力樂鍋、英記十八味沙爹皇、Wang Steak PL。 |

## ◆ 公司經營重點變化

　　王品創辦人戴勝益在創立王品牛排前，曾歷經 9 次創業失敗，但在創立王品牛排後，就以醒獅團計畫、海豚領導學、多品牌經營、一五一方程式、以客為尊、一家人主義等經營策略，打造王品成為台灣最具規模的餐飲事業集團。

　　其中，醒獅團計畫就是分權管理模式的內部創業制。王品是讓店長、主廚出錢投資當股東，當他們主持的店賺的錢愈多，他們分到的紅利就愈多。這是王品留才的一大誘因。

　　海豚領導哲學則是利潤立即分享的分紅制度。利潤立即分享就意指當月結算有盈餘，次月就分紅，而不是累積到年底再一次分紅。當員工在領到薪資之餘，還有分紅的獎勵，而且這筆獎勵是看得到也立即吃得到，異動的意願就不會很高。這也是王品留才的另一大誘因。

　　多品牌經營，主要是發生在王品牛排的業績止步不前，讓戴勝益意識到台灣的內需市場太小，單靠王品一個品牌不足以獨撐大樑，想要做大，就只有不斷開創新品牌，開發新市場。而為了避免旗下各品牌因為客群重疊，互搶市場，造成雙輸，戴勝益也要求各品牌的定位，從價位、商品到服務，都要做出差異化。

　　一五一方程式是為了讓王品在不斷開創新品牌之餘，能夠穩固獲利、降低失敗率的展店準則，亦即一家店一年的營收要達到 5 個資本額，獲利則要達到 1 個資本額。王品正因為各品牌定位明確，做出差異化價值，又有一五一方程式把關，因此能把多品牌餐飲玩出一片天。

　　以客為尊是透過 SOP（Standard Operating Procedure；標準作業流程）與教育訓練，讓王品不管展店數有多少，員工只要照表操課，各店的餐飲和服務品質都不會走樣。

一家人主義是把員工當成一家人。然而，戴勝益也因為這樣重感情，對於沒有賺錢的品牌事業，不輕易收攤，導致王品的展店數雖然增加，營收卻減少，最終在集團失控下，才由他的合夥人、在中國開疆闢土的陳正輝回來接手，重振旗鼓。

陳正輝接手後，仍延續多品牌策略，但是對於獲利率低於 10% 的品牌事業，若是連續 6 個月未達標，就果斷砍掉，於是 8 年下來砍了 10 個品牌事業，關了 100 多家店。對於資深的品牌事業，為了避免品牌老化，陳正輝也視市場需求進行品牌再造，包括翻新店型、推出新菜單。

同時，陳正輝也不再只做餐飲本業，而是展開多角化經營，擴及供應鏈的冷凍加工品。

換言之，過去的王品是採前店後廠的營運模式，食材都是由供應商配送到各店，由各店自行洗切後料理，陳正輝接手後，面對缺工問題，為了降低人力成本，則把料理前置的洗切作業轉移到中央工廠統一作業，2018年為了創造供應鏈綜效，陳正輝更是讓中央工廠在對內做一條龍服務之餘，也對外做生意，提供食材給其他餐飲品牌，藉由共同採購、大量採購來降低採購成本，同

時還開始開發銷售王品的冷凍食品，從餐飲擴及零售，藉此打造王品的第二成長曲線。

◆ **觀察評估解析**

餐飲業因為進入門檻低，市場競爭顯得更為激烈，想要活得久，已實屬不易，更遑論要做大。王品可以快速做大，關鍵就在王品創辦人戴勝益導入了分權管理模式的內部創業制。

1986 年我把分權管理模式的內部創業制建置下來之後，輔導了曼都，讓曼都快速成為台灣美髮連鎖第一大，隨後，我在專家企管開辦的總經理班講課，戴勝益就來上台中班，上完課之後，他覺得這套制度很好，就來和我細談，我也告訴他可以怎麼做，他學回去了，就有了王品集團。

相較於大多數餐飲連鎖業者都是以加盟連鎖的方式來快速展店，王品則是以直營連鎖的方式來快速展店。而要以直營連鎖的方式來快速展店，靠的就是內部創業制。內部創業就是讓內部主管可以入股門店當老闆，自主管理，自負盈虧。當門店賺錢賺愈多，店長就分紅領愈多，如此一來，店長就會自動自發積極賺錢。

再者，相較於六角是透過併購與代理來發展新事業，王品則是透過自創品牌來發展新事業，只是隨著發展的新事業愈來愈多，王品開始把不賺錢的事業、門店收掉，把賺錢的事業、門店維持住。2015年王品董事長會換人，主要也是因為台灣市場虧損，全靠中國市場的獲利來彌補台灣市場的虧損。

　　這也告訴我們，企業經營，沒有賺錢是罪惡，負責人理該下台一鞠躬。再者，既然創了一個新事業、開了一家店，就要賺錢，沒有賺錢，就應該果斷收掉，淨利才會增加。

　　當然，除分權管理外，王品能愈做愈大，即便出包，生意還是依舊，靠的就是服務品質。王品很重視服務品質，為了維持服務品質，王品捨得做教育訓練的投資，因此王品旗下不論哪家餐廳，服務品質都能維持一定水準。台灣現在還有很多企業花在這裡的力道不到10分，因此我們只要能做到90分，就會大放異彩。

　　而王品因為重視服務品質，愈做愈大，同時也因為服務品質，讓品牌產生優勢價值。王品想要高檔、中檔、平價市場全吃，任何一個市場都不放過，操作上就是採行多品牌策略，如此才不會對主品牌造成傷害。這

也意味著有品牌才能大放異彩。當然，製造業要玩品牌，就不能用玩代工的心態來玩，若是用玩代工的心態來玩，品牌就會被玩死。

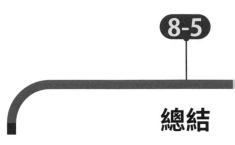

# 總結

　　台灣很多中小企業的老闆都很厲害，也很專業與專注努力，但是不管老闆本身有多厲害、多專業、多專注努力，只要還在家長式領導、集權管理，眼界沒有打開，就會守在自我設限的框架裡，導致事業擴大面臨瓶頸。即便現在還活得不錯，未來也會在「我不犯人，人犯我」的情勢下，被別人跨業、跨境進來搶同一塊大餅而岌岌可危。

　　台灣很多中小企業的老闆也很喜歡下指導棋，什麼都要管，然而，這樣家長式領導、集權管理下，經營管理團隊就會變成唯唯諾諾、聽命行事、沒有責任意識、被動配合的乖乖牌，菁英化不足，忠誠度很高，不會有創新創意思維與更有效的操作，因為反正一切都要等待指令。

　　而老闆缺乏菁英化的經營管理團隊來幫自己經營管理企業，再加上自己過度專注本業，就會導致自己忙到沒有時間靜下心來看清外在情勢的變化，思考公司的未來，當機立斷，以致事業發展與國際布局遲滯，甚至以為守在本業取暖最安全，或畏畏縮縮，下定決策後又再三更改，最後就會變成被溫水煮熟的青蛙。

　　其實企業經營，很多公司都是從小規模做起，若是老闆只會保守經營，大權一把抓，公司就會一直都是小小的；若是老闆懂得用人用分權，公司就會快速從小規模變成大規模。

　　最主要原因就是我們可以讓每個店或每個分公司的負責人自己去經營自己的事業，讓他把公司的事業當成自己的事業來經營，如此，他就不會想要異動，會更加認真地思考怎麼把這一個點經營得更好，讓這一個點賺很多錢。

　　他完全不再是被雇者的心態，而是經營者、投資者的心態。這是工作心態的差異。

為什麼說，分權管理是借力使力？就是將有心想要成就自己的一群人，讓他們有機會改變心態，從一個上班工作的員工心態變成一個創業經營的老闆心態，然後大家一起來共創一個事業的發展。這樣的一個經營模式就會讓企業在發展過程上走得更穩、更遠。

# 9
## Chapter

共存共榮
運用敏捷模式創新局

# 經營策略的導用認知

最近幾年來，我一直不斷地在倡導敏捷（Agile）管理模式。

敏捷管理模式源自 2001 年一家 Software House 的 17 位軟體工程師在美國猶他州聚會起草的敏捷宣言。

因為他們 17 人一年承接 36 個專案，承諾客戶後，還能提早完成，讓美國 IT 產業界相當震驚，因此被邀請至其全國年會作簡報分享方法，後來在美國軟體業成功應用下，一炮而紅，就從軟體資訊領域擴及經營管理領域。

台灣是在 2005 年導入，現已成為企業經營的熱門話題，可惜的是水土不服，因為敏捷管理模式推翻了傳統制式化與僵化的管理機制。

傳統的瀑布式專案管理是先有計畫，再照表操課，

團隊只能跟著計畫走，沒有什麼自主權，敏捷式專案管理則是沒有計畫，先由團隊共同討論出各環節的執行方法，做成記錄，再彙整成執行計畫。

換言之，傳統的瀑布式專案管理是老闆先指定一個專案負責人（Project Leader），這個專案負責人要承接老闆的想法，開啟一個專案，提出專案計畫，再從各部室借調相關人力，組成專案小組，交辦小組個員依循計畫執行。

敏捷式專案管理則不一樣。敏捷式專案管理是老闆丟一個專案出來，讓大家自發性參與、認養專案，自動形成 Scrum 團隊，團隊再自行選出 Scrum Master，然後透過團隊的集體討論，將討論內容彙整成執行進度表來執行，並且執行進度表會不斷調整改善修正。

其中，Scrum 一詞源自英式橄欖球的鬥牛，意指兩支隊伍的球員互相用肩膀推擠，以腳勾球，將球踢出來，往後傳。後方的球員負責接球與指揮團隊如何帶球衝過敵隊陣線贏得勝利。其中負責指揮的球員就稱 Scrum Master。

敏捷式專案管理的 Scrum 團隊，團隊個員彼此之間要互信，因為敏捷式專案管理是自主管理，在自主管理

下，互信是關鍵。

自主管理就意指老闆不能管，一切讓團隊自立自強。敏捷式專案管理的自主管理就是先有專案讓大家自動自發來認養，再以 5~7 人組成一個 Scrum 團隊，共同討論目標效益在哪裡，自訂專案目標與專案承諾。

接著，團隊個員再自我推薦或相互推選出誰來負責這個專案，誰來當 Scrum Master（SM；專案督導者）。確定誰來當 Scrum Master 之後，就由 Scrum Master 來統籌專案的執行。

專案的執行過程中，需要落實進度追蹤、改善、督促。進度追蹤、改善、督促的方式是透過每天 10 分鐘的立會。換言之，立會要做的不只有進度追蹤，還有每個成員都要不斷否定昨天，想出比昨天更好的方法來不斷改善精進。同時還要做看板管理，如此，進度卡在哪裡，大家都一目了然，就可以彼此督促。最後就是做出專案績效。

因為敏捷式專案管理是自主管理，而傳統的中小微型企業在經營上仍守著功能性組織的中央集權管理模式，中央集權管理模式運作下，所有大小事都是老闆說了算，員工聽命行事慣了，老闆叫我做什麼，我就做什

麼，沒有參與感，就不會主動積極，因此導入敏捷式專案管理，就會水土不服。

　　若以傳統的瀑布式專案管理而言，瀑布式專案管理是目標明確，解決方案明確，一切按部就班、照表操課，團隊成員都是被指派的，不是自發性的，如此也容易造成團隊成員基於本位思維，只想保護自己，排斥非本職工作，拒絕跨部門互動與協調，如此就會造成公司很多內耗。再加上老闆喜歡掌控所有一切，一旦忙不過來，就會拖累進度，導致進度延遲。

　　反觀敏捷式專案管理是團隊共同來訂定目標，團隊要做什麼、怎麼做，就團隊自己決定；遇到問題，也是在團隊內解決，不必做跨部門的互動與協調，如此就減少跨部門互動與協調的內耗；再者，也不會因為跨部門互動與協調出來的方法只有一個，不一定符合自己所要。更重要的是，團隊全員會不斷集思廣益，想出更好的方法來完成任務，因此任務完成時間通常都會提前，不會延遲。

　　換言之，敏捷式專案管理是建立在主動的基礎上，因此主動是敏捷式專案管理的基本原則。也因為敏捷式專案管理強調主動，因此團隊成員不能僵化，要彈性靈

活應變，亦即團隊成員之間的對話不能是：「都已經講好是這樣，就這樣做吧！」應該變成：「能不能想一下如何做會更好？」

這就會激勵團隊的每一個人都有創新思維，而不是一直守在過去的經驗法則、習慣模式裡，如此一來，很多的想法與做法就會有很多的創新、變革、突破。

這也符合創新大師克里斯汀生（Clayton M. Christensen）倡導的破壞性創新。破壞性創新最忌諱安穩，因循過去的模式。破壞性創新，激進一點的定義，就是永遠否定過去，重新開始，才有蛻變。

就我的認知，敏捷式專案管理應該是被破壞性創新的思維激發出來的。我的同心圓理論也是要有破壞性創新的思維，不能守在本業，要延伸擴大。再者，當我們導入連鎖經營，與過去傳統的只開一家街邊店不一樣，就是破壞性創新；當我們啟動短鏈革命，與過去傳統的遠距離國際貿易不一樣，就是破壞性創新。這也可見，只要有心，處處都可創新，處處都可創造新的工作方法與經營模式，來符合新世代想要自主管理的需求。

換言之，面對新世代喜歡自主管理，不喜歡聽命行事，也不喜歡看人家臉色的特質，我們就要意識到：「如

果這個新世代是優質菁英，我們為什麼要讓他流失？」

很多優質的新世代在公司待不到一年就離開，往往是因為組織氣候不對，或組織文化適應不良，或老闆捨不得給錢，或公司沒有提供很好的平台讓他發揮長才。而既然新世代喜歡自主管理，我們為什麼不能滿足他？

運用敏捷模式創新局，以達到共存共榮的概念，就是要老闆懂得運用這些有創新思維卻喜歡自主管理的新世代，將他們想要成就自己的意念，整合在我們的平台上共同打拚。

正如 1986 年我主持寶島時，就把自主管理模式應用在連鎖產業上。我的考量點是，當時連鎖業者慣用的管控模式都是由總部把所有分店管得死死的，如此，分店就會變得很被動消極，若是交由分店地方自治，分店就會變得很主動積極，因此我就將寶島的所有分店劃分成數個共榮圈，由各個共榮圈自己互推互選出共榮圈主席、副主席，及財務、人資、行銷、商品等委員，不由總部指定。

各地分店不歸總部管，歸共榮圈管。總部與共榮圈是共存共榮的關係，總部要做什麼，共榮圈都可以來參與、監督總部所做的事情，如此，共榮圈就不是只能

聽命於總部，而是有權力來發表主張與意見，總部就不能獨斷獨行，很多決策也能更加周延，再加上決策形成時，共榮圈有參與，總部拍板定案後要往下推行，共榮圈就會願意執行，不會抗拒。

綜言之，傳統的中央集權管理模式是我（老闆）雇用你（員工），所以你要聽我的，你若不聽我的，你就是大逆不道。敏捷管理模式則是否定上位者管控團隊所有一切，強調團隊自主管理，沒有誰是老大，而是大家要共同把績效效益創造出來。

雖然敏捷管理模式已成為全世界企業經營的主流趨勢，但是因為台灣的企業環境還不成熟，團隊還沒有具備該有的認知心態與能力條件，因此很多企業在導入上會力有未逮。然而，因為我們未來帶的團隊是新世代，因此我們要先了解，屆時要導入敏捷管理模式，才會運作得比較順心，也才能留住新世代的優質菁英。

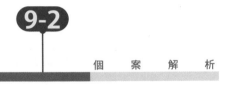

個　案　解　析

# 鈦坦科技
## 台灣敏捷指標企業

### ◆ 公司經營理念

重視團隊合作勝於個人英雄主義

推崇動手實踐勝於言語空談

看重產品效能勝於自我表現

### ◆ 公司願景目標

我們是樂趣製造者，藉由創造無與倫比的軟體產品，躍身成為全球公認的軟體開發品牌。

### ◆ 公司發展沿革

| 年份 | 重要大事紀 |
| --- | --- |
| 2005 | 新加坡商鈦坦科技股份有限公司成立。 |
| 2010 | 成立台北分公司。 |

| 2014 | 導入敏捷開發與管理。<br>成立台中分公司。 |
|---|---|
| 2017 | 榮獲新加坡電腦協會評選為最值得效力的科技公司，與IBM、紅帽、埃森哲等跨國科技企業並列。 |
| 2018 | 榮獲APEC CIO OUTLOOK雜誌評為亞太區十大敏捷企業。<br>榮獲亞洲最佳企業雇主獎。 |
| 2019 | 榮獲HR ASIA 台灣最佳企業雇主獎。 |
| 2020 | 成立高雄分公司。 |

## ◆ 公司經營重點變化

　　鈦坦是做軟體開發起家，致力於線上娛樂遊戲平台的開發與維護，提供娛樂廠商線上產品與服務，總部在新加坡，一開始是做OEM（純代工），客戶說什麼就做什麼，後來因為配合客戶開發產品，速度太慢，常常跟不上市場變化，或被同業搶先，因此就轉型成ODM（設計代工）。

　　除此之外，也因為公司代工慣了，沒有指標性產品，導致徵才與留才都很困難，人員流動率太高，青黃不接，整個組織充斥著推諉塞責思維，為了改變現狀，降低人員流動率，也為了能夠快速應對客戶與市場的需求變化，就抱持姑且一試的心態，導入敏捷管理模式。

鈦坦導入敏捷管理模式之後，團隊的成就感與凝聚力就大增，離職率也大降，現已成台灣許多軟體工程師十分嚮往的企業。鈦坦自 2017 年以來獲獎不斷，就是一個印證。

換言之，鈦坦在 2014 年導入敏捷管理模式之後，度過 2014 年至 2015 年的適應期，台灣分公司的離職率就從 2013 年的 26.76% 降至 2016 年的 11%，再降至 2017 年的 4.63%。鈦坦也受益於敏捷管理模式，吸引、網羅很多優秀軟體工程師，而可以不斷篩選，擇優汰劣。

鈦坦有一支新品，更在導入敏捷管理模式之後，2014 年業績成長 153%，2017 年業績成長 298%，2018 年業績成長 402%。而一支新品導入敏捷管理模式，就讓鈦坦業績翻倍成長，可以想見，所有產品都導入敏捷管理模式，總體業績就相當驚人。

當然，鈦坦導入敏捷管理模式，並不是一開始就全員動員，而是從小範圍開始嘗試，先讓一個團隊試行，有效後，再慢慢擴及兩三個團隊，接著再慢慢擴及一個部門或一個辦公室，最後擴及整個公司。而擁有員工數超過 220 人的鈦坦，最後是花了兩年半的時間將敏捷管理模式擴及整個公司。

再者，在 Scrum 團隊，鈦坦也不再堅守傳統的集權管理模式，而是將組織扁平化（只有「總經理→部門主管→團隊」三層），放手讓團隊自主管理，沒有主管下達指令，團隊彼此之間是平級，沒有上下級之分，而且薪資透明（主要是軟體工程師），想升遷就自己提案，上下班時間由團隊成員共同決定，業績獎金分配也由團隊成員共同決定。

這樣的管理機制就激發團隊個員的主動性和創造性，也讓團隊個員更願意共同協作來達標，並於達標後來共享成果。這也是鈦坦為什麼能快速應對客戶與市場需求的秘訣。

再者，相較於傳統企業討論事情，都是要求要在會議室內正經討論，並且坐要有坐相，鈦坦是可以在走道上席地而坐地輕鬆討論。若要在辦公室內討論事情，鈦坦的辦公桌與辦公桌之間也沒有隔板，團隊個員之間是面對長桌，並肩而坐與面對面而坐，只要坐著，不需要特地起身，就可以討論，相當方便。要討論事情、掌握進度、達成績效，就是在玻璃隔間上貼的便利貼或牆面寫的白板進行。

換言之，鈦坦的辦公室都是採用透明的玻璃隔間，

每個辦公室的玻璃隔間裡都是一個 Scrum 團隊，Scrum 團隊承接的所有專案流程與執行進度都是用便利貼貼在辦公室的玻璃隔間上向所有人公開，公司每個人都可以看，每個人都會知道公司目前有什麼專案在進行、什麼人在參與什麼專案。Scrum 團隊的每個人也會知道專案進度是如何，同時，每個人都要提出更好的新方法來精進。當有更好的新方法可以精進，就是撕下舊方法的便利貼，貼上新方法的便利貼來取代它。

因為鈦坦倡導擁抱改變並隨機應變的敏捷管理模式，不再被動代工接案，而是先了解客戶需求，再向客戶提案，並在專案執行期間快速調整產品開發方向，使之滿足市場客戶需求，因此能從一家不到 10 人的小型軟體開發公司快速變成員工數超過百人的跨國敏捷企業，在競爭激烈的線上娛樂遊戲市場上保持領先。

### ◆ 觀察評估解析

鈦坦是我輔導的一家軟體服務產業，主要做 B2B 代工。我輔導鈦坦台灣分公司，把它的經營管理團隊打造上來，讓它在 2 年時間變成台灣業界第一大之後，它就順利地繼新加坡總公司之後導入敏捷管理模式，成為敏捷管理模式的標竿企業。

換言之，鈦坦一開始並不奉行敏捷管理，是在繳過產品開發週期太長、產品交付緩慢、留不住人才、離職率太高、經驗無法傳承、團隊運作不順等學費後，為了降低離職率，才在 2014 年從傳統瀑布式管理模式轉型成敏捷管理模式。

　　因為軟體產業的壽命週期不長，市場變化快速，因此做軟體開發的業者必須快速跟上市場變化、適應市場變化，才能在市場上立足。鈦坦就是在同業還沒導入敏捷管理模式之前就率先導入，因此現在能成為市場的模範生與領頭羊。

　　若要細言之，鈦坦能有今天，主要是做了 6 個關鍵轉變與轉型。

　　第一個關鍵轉變與轉型是鈦坦從 OEM 代工發展出 ODM 模組，因此可以賺兩邊的錢，亦即鈦坦一邊接 OEM 訂單，做成成品，賣給客戶廠商；一邊開發 ODM 模組，賣給同業。其中，鈦坦賣模組給同業，同業對鈦坦的依賴度就會愈來愈高，鈦坦也會知道同業在做什麼。當鈦坦把同業養得不會思考，鈦坦就坐擁整個市場。

　　第二個關鍵轉變與轉型是鈦坦過去是被動接案，閉門造車，覺得該做什麼就悶著頭做下去，因此常常做出

來之後沒有市場，現在則是先收集客戶想法，做數據分析，再向客戶提案，結果客戶黏著度變高。這也是 C2B（Consumer to Business）的行銷關鍵，亦即我們的行銷力道不在我能做什麼，而在客戶要什麼，以客戶需求為主。

當然，鈦坦在收集客戶想法之後，向客戶提案，提的也不只有軟體如何產出，還包括為什麼我要提供這個產品給你，你有了這個產品之後，可以賣到什麼市場、什麼國家，我會如何幫你做行銷。換言之，鈦坦不只賺軟體開發的錢，還賺行銷的錢。

第三個關鍵轉變與轉型是鈦坦的 Scrum 團隊是自組織團隊。自組織，意指一切都是自己管理自己，自己承諾自己要創造榮譽。自組織團隊，就意指一切都是自己決定自己要參與哪個專案，集結 5~7 人組成 Scrum 團隊。

換言之，Scrum 團隊的組成是執行者自己自發性組成，而不是公司命令執行者組成，因此 Scrum 團隊組成後，團隊成員就要自己決定自己的命運。這也促使鈦坦的 Scrum 團隊雖然工作時間彈性，但是為了團績達標，團隊成員之間會相互砥礪、彼此約束。若是有人拖累團績，那個人就會被團隊的其他人排擠掉。

再者，鈦坦的 Scrum 團隊成員之間沒有階級的隔

閣，彼此相處都是稱兄道弟的夥伴關係。穿著也很隨意，可以赤腳穿拖鞋上班。上班時若是覺得心情不好，還可以到吧檯小酌一下。這是因為比起講究階級分明、講究穿著正式，完成任務最重要。

第四個關鍵轉變與轉型是鈦坦的敏捷管理模式不是一開始就權力全部下放，而是先放一點，等到熟悉後，再放一點，逐步下放。

換言之，敏捷管理模式不是一開始就要大範圍、大規模實施，會夭折。要先拿一個專案小組來實證，等到實證有效，看到的人就會好奇，想要參與，如此就可以逐步從小團隊擴及大部門。

再者，鈦坦的敏捷管理模式是從無數的失敗中學習而成。

換言之，我們要成立一個新的敏捷式專案團隊來運作，不一定會賺錢，可能會虧損，因此老闆要有允許團隊犯錯的雅量，能忍受敏捷式專案團隊的失敗。正因傳統產業的老闆多忍受不了失敗，因此不適合導入敏捷管理模式，但是隨著新世代進入職場，新世代的勞動價值觀已與我們過去認知的不一樣，未來主管要帶的人都是新世代，因此管理模式要微調，要從集權變分權，如此

才不會陷入「人難找，找來了也不穩定」的困境。

第五個關鍵轉變與轉型是鈦坦的團隊來自新加坡、台灣、中國、日本、泰國、印尼、菲律賓、馬來西亞等 11 個國家，因此對話溝通都是用英語。這也意味著英語溝通能力是企業國際化的必備，語言溝通能力不強，就很難國際化。

第六個關鍵轉變與轉型是鈦坦的敏捷管理模式採行了很多非典型管理模式，包括薪資透明化、自主升遷、自主學習與領導。

其中，鈦坦的薪資透明化是公司內部明確訂出員工在哪個職級與職能，會對應到多少薪資，如此，Scrum 團隊成員之間彼此都知道彼此的薪資，就可以減少個員之間無謂的猜忌、嫉妒與計較，在看到對方可以拿到這個錢的刺激下，也會鞭策自己要更加努力拿到這個錢，投入的力道會更聚焦。

除薪資透明化外，Scrum 團隊成員也會知道產品開發成本是多少、產品營收是多少，以及這個產品營收足不足以支付他們的薪資。而為了營收足以支付薪資，他們就會更在意如何獲利。

鈦坦的自主升遷是 Scrum 團隊成員想要升遷就自己爭取。這在台灣還不太容易實施，因為很多人都不敢自己提出這個要求。

　　鈦坦的自主學習與領導則是因為敏捷管理模式下，Scrum Master 不是公司指定，而是人人都可以自告奮勇地自薦：「我要當 Scrum Master。」而要當 Scrum Master，就必須是多能工，因此想當 Scrum Master 的人就不能被動等待指令要求，必須主動學習來強化自己的多職能價值。

　　綜言之，鈦坦因為導入敏捷管理模式，因此業績能快速翻轉上來。而鈦坦現任總經理李境展在帶著鈦坦轉變與轉型時才 30 幾歲，可見新世代不是沒機會，只要用對方法，還是能打下一片天。

**9-3**

個　案　解　析

# 歐德
## 台灣系統家具領導品牌

### ◆ 公司經營理念

Order your life，生活從想法開始

### ◆ 公司願景目標

　　提供機能與美學的現代傢俱，使每一個家庭都能享有最美好的居家環境。

### ◆ 公司發展沿革

| 年份 | 重要大事紀 |
|------|-----------|
| 1992 | 會功家具成立。 |
| 1995 | 更名為「台灣歐德系統傢俱有限公司」。<br>創立自有品牌Order。<br>於桃園成立門市，開啟跨縣市經營。 |
| 1996 | 設立物流中心。<br>制定CIS，開啟連鎖經營。 |

| 1997 | 設立R&D 設計中心、工務部。 |
| --- | --- |
| 1998 | 開設桃園旗艦店，展開大店文化。 |
| 1999 | 開設新竹旗艦店。<br>更名為「台灣歐德傢俱股份有限公司」。<br>建立設計師教育訓練制度。 |
| 2000 | 開設板橋旗艦店。<br>成立兒童傢俱專門店。 |
| 2001 | 開設新莊大型旗艦店。<br>進行全方位階段性組織再造。<br>組織走向事業部制。 |
| 2002 | 創辦EMBA 讀書會，凝聚共識，重塑企業文化。<br>於高雄開設兒童傢俱門市，跨足南台灣。 |
| 2003 | 開設高雄中華旗艦店。<br>品牌重新定位為Order your life。 |
| 2004 | 開設台南旗艦店。<br>組織切割為區域管理。 |
| 2005 | 開設台中環中旗艦店。 |
| 2008 | 於德國開設第一家店。<br>於義大利米蘭設立設計中心。 |
| 2011 | 創立新品牌一優渥實木。 |
| 2015 | 業界唯一榮獲內政部健康綠建材標章認證。<br>於中國東莞設立總部，首度開放加盟。 |
| 2016 | 於中國深圳開設第一家店。 |
| 2020 | 創立新品牌一巧寓舍計。<br>首次與咖啡業合作，成立咖啡體驗館。 |
| 2021 | 創立新品牌一歐眠床墊。<br>創立新品牌一木作森活。 |
| 2023 | 創立新品牌一i 宅設計。 |

精準獲利

### ◆ 公司經營重點變化

歐德是做系統家具起家，當台灣系統家具業已從藍海市場進入紅海市場，作為歷史見證者的歐德卻還能穩居全台最大系統家具通路商的地位，主要就是因為創辦人陳國都在創立歐德之初就決定要好好經營品牌與通路。

首先在品牌經營上，有別於傳統家具業者都在競逐 OEM、ODM 的紅海市場，歐德是區隔化地投入新興的、以模組化概念經營系統家具的藍海市場。只是早期台灣消費者對於系統家具的接受度並不高，因此歐德經營得相當困難。

後來陳國都在行銷、客服、客情經營上下了很大的功夫，包括價格透明化、板類五金與配件來自德國的品質保證、綠建材標章認證的環保保證，以及免費到府丈量規劃設計、3D 彩圖規劃設計、5 年保固、七成尾款驗收再付的全方位服務，乃至完工後專員電訪關心使用、會員獨享優惠活動等客情經營。這些領先業界的差異化策略，讓客戶確實感受到歐德的用心，因此在客戶的口碑相傳下，歐德開始翻轉上來，也省了不少廣告費。

接著在通路經營上，有別於傳統家具業者都是以孤家店模式來經營，歐德是區隔化地投入連鎖經營。只是

創立之初，以加盟連鎖模式來展店，付出了營收大起大落的慘痛代價，後來就收回加盟店，改以直營連鎖模式來展店，但是以直營連鎖模式來展店，總是總部在疲於奔命，各店沒有積極戰鬥力，後來導入分權管理模式的委任經營制，營業額與展店數才走出低谷，快速做大。

當系統家具做穩之後，歐德也沒有守成，而是根據同心圓理論，發展系統家具的周邊商品與服務，包括2011 年創立優渥實木，主打北歐風格的實木家具；2020年創立巧寓舍計，提供安心、放心、健康、有保障的居家裝潢方式，讓人輕鬆解決裝潢的大小事；2021 年創立歐眠床墊，幫助消費者選擇合適的床款；2021 年創立木作森活，推廣木作的美和環保理念；2023 年創立 i 宅設計，為青年成家的首購族打造簡約不簡單的品味生活。同時也與異業合作，成立咖啡體驗館，讓客戶在選購家具之餘，也能品嘗香醇咖啡。

歐德能不斷做大，關鍵在陳國都好學，並且會將從企業家名人身上學到的經營管理知識應用在公司上，同時也不吝給予員工學習的資源與發展舞台，致力於將公司打造成學習型組織。換言之，陳國都相當重視人才的「選用育評留」，因此捨得每年投資上百萬元對員工做教育訓練，也定期舉辦各式的讀書會，樹立全員參與的學

習風氣，更建立師徒制來深植新人的服務信念，因此能以優質的服務拉高客戶滿意度，從而光靠口碑行銷，不需要大打廣告，生意就很好。

有學習型組織當後盾，歐德在深耕台灣、跨境中國之餘，也將邁向國際，持續拓展其家居事業版圖。

#### ◆ 觀察評估解析

我是 2002 年協助歐德導入分權管理模式的委任經營制。歐德因為導入委任經營制，展店數快速從數家變成破百家。

雖然歐德看起來就像一般的連鎖店，但是它其實是委任經營制的發展。委任經營制就意指總部把一家店從頭到尾，從租金到裝潢陳列布置，全部弄到好，符合資格條件、取得相關認證的主管若有意願，只要給保證金，總部就把這家店交給他經營。

委任經營制與內部創業一樣都是只開放給內部員工經營，不同的是，內部創業制有投資權，委任經營制沒有投資權。我會讓歐德導入委任經營制，而非內部創業制，主要是因為歐德的店長都很年輕，年輕人可能沒什麼錢，拿不出數百萬元來開店，因此就由總部出錢，協

助優質年輕人開店。好處就是能讓沒有太多資金的優質年輕人不需要出錢，只要出力，就能擁有一片天來成就自己，公司也能因為他們的努力而快速做大，雙方達到共存共榮的發展。

除委任經營制外，歐德也致力於打造學習型組織。敏捷思維就建立在老闆與主管帶團隊，不再要求團隊聽命行事，而是願意將團隊打造成學習型組織，強勢引導團隊自發性學習，讓團隊習慣成自然，有強烈的求知意願與改善意願，喜歡自我學習與相互學習來精益求精，如此，組織成長就很快。

這也可見，組織的學習文化是由上位者帶動，上位者不帶動，學習文化就無法成形。再者，學習的方式不只有做教育訓練、上課，還有辦讀書會。歐德在落實教育訓練，讓員工知道他的職能是可以被提升之餘，也會利用每天早上 30 分鐘的時間辦讀書會，讓員工讀書，到了每個月月初，再由員工分享讀書心得，讀書心得主要是分享讀了哪篇文章，文章中的什麼內容可以如何應用在公司上。這就是敏捷思維的體現，透過讀書會，讓大家自發性地想要好再更好。

這也意味著老闆與主管不能再預設立場，自以為自己很厲害，自以為自己應該這樣做才對。對自己預設立場，自己就會被這個預設立場限制住；對團隊預設立場，團隊就會被這個預設立場限制住。唯有先把學習型組織整建好，再讓執行的團隊自己來，執行的團隊才會想要不斷精進，讓自己的今天比昨天好，自己的明天比今天好。

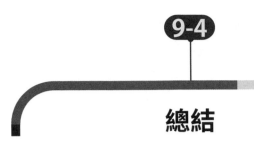

# 總結

　　適用敏捷管理模式的企業多半是軟體產業、電商產業，中央集權的傳統產業都做不來。

　　因為當老闆喜歡下指導棋，團隊也習慣聽命行事，敏捷管理模式就不適用；當老闆喜歡插手介入團隊的運作，敏捷管理模式就不適用；當團隊自我管理能力不強、自我榮譽心不強，敏捷管理模式就不適用。當老闆不轉念，團隊不轉念，敏捷管理模式就不適用。

　　敏捷管理模式只適用在老闆只講一個願景，並且這個願景只是一個期盼式的理想，而不是具體化的數字，諸如我想要公司在 3 年內變成亞洲業界第一大，至於公司如何在 3 年內變成亞洲業界第一大，就由主管帶著團隊，自動自發地訂目標，自動自發地寫計畫，自動自發地按計畫落實執行，把目標實現。

換言之，敏捷管理模式是老闆不管事、不介入，團隊就會自動自發，把承諾兌現。這也可見，敏捷管理模式是集體決策，而非個體決策，因此老闆不能再所有事情都是自己說了算。再者，敏捷管理模式下的團隊在面對不確定的情境時，也不能再抱持「給我時間慢慢來」的心態，觀望猶豫等待，必須立即集體討論、集體決策解決它。

鈦坦的敏捷管理模式主要表現在主管與基層人員之間沒有權威與階層的隔閡，每個人都能平等地表達意見，每個人也都是自發性的參與專案，而不是被動的來做一份工作。歐德的敏捷管理模式主要表現在落實教育訓練與讀書會，打造自發性的學習型組織。兩者的共同點就在自發性，這也是敏捷管理模式的精神所在。

台灣很多傳統思維的老闆都喜歡用忠誠、聽話、服從、配合度高的乖乖牌，而乖乖牌通常都是聽命行事，不會自動自發，這就常常導致老闆急得跳腳罵人。其實會有這個問題，都是老闆自作虐。因為這樣的人是老闆找來的，這樣的團隊是老闆打造的。

因此，想要解決這個問題，首先就是老闆要轉念，不再堅持集權管理，先將組織文化調整成「沒有我（老闆），專案團隊也能自立自強，不需要等待我的指令」，再導入敏捷管理模式的前置動作—分權管理，同時讓團隊接受相關訓練與要求，久而久之，團隊就會養成自發性自主管理、當責、追求效益的習慣，這時再導入敏捷管理模式，就能如魚得水。

**10**
Chapter

新速實簡

運用變革創新展新貌

# 經營策略的導用認知

21 世紀的這 20 多年來，相信全世界都非常有感，科技加速了整個環境的轉變，科技改變了所有一切，不管是製造業，或是買賣零售流通服務業，都被科技的快速變化所影響，導致變革創新一躍成為企業經營的重要課題。

其實過去的管理學並沒有變革一詞，是進入 1980 年代末期才有變革一詞。因為日本的衰敗、新科技的崛起，引發以美國為首的全世界觀察到與警覺到變革的重要性。台灣雖然電子產業占比高，但是因為絕大多數都是代工產業，因此危機意識較低，也就沒有警覺到變革的重要性。

其實當外部環境改變，企業就要變革創新；當客戶需求改變，企業就要變革創新；當企業內部環境改變，企業就要變革創新。

　　換言之，當外部環境發生變化，我們無法提出應變對策，只想找理由藉口舉雙手投降，我們就要變革創新。而要檢視外部環境的變化，可從 PESTEL 切入。P 是政治、政策，E 是經濟、市場，S 是社會現象、流行趨勢，T 是科技變革、競爭威脅，E 是環保，L 是法規、認證。

　　對於外部環境的變化，在 20 世紀是每 10 年變一次，進入 21 世紀是每 3 年變一次，進入 2010 年則是每天變一次，因此我們不能再活在過去的榮景，閉門造車，埋頭努力。政經局勢的瞬息萬變、經濟活動的板塊位移、市場消費的結構重組、科技發展的日新月異，導致市場變化速度愈來愈快，我們必須勇於抬頭面對市場的變化，才能迎合市場需求，而不被市場淘汰。

　　當然，不只有外部環境會發生變化，客戶的需求也會發生變化。當客戶的需求發生變化，我們就要調整我們的產品結構與服務來滿足他。

　　這也意味著我們要導入 C2B（Consumer to Business）模式，才能了解客戶要什麼，準備他要的給他。若是還守在 B2B（Business to Business） 或 B2C（Business to Consumer） 模式，一成不變，就會淪於被客戶殺價的窘境。

若以內部環境觀之，當企業經營成長遲緩，每年業績成長率或淨利成長率低於 20%，企業壽命週期進入高原期，我們就要變革創新。

　　當組織僵化，一成不變，沒有彈性，我們就要變革創新。

　　當行政作業流程不順暢，SOP（標準作業流程）卡來卡去，一個作業流程的移轉需要 1 天以上，壓件的情況經常發生，請示常常得不到答案，我們就要變革創新。

　　當部門之間本位主義作崇，私心過重，開啟保護機制，無知、無能、不想負責地只顧自己的利益，不顧其他部門的死活，不願意協助其他部門實現共同目標，導致對立與衝突頻發，內耗嚴重，我們就要變革創新。

　　當大家都只會保護自己的私有利益、既得利益，不在意整體利益，我們就要變革創新。

　　當大家都喜歡打官腔、推諉塞責，我們就要變革創新。

　　當大家都習以為常，不願意改變，不願意精進，我們就要變革創新。

　　當大家都自以為自己很屬害，不需要學習，我們就要變革創新。畢竟科技進步速度太快，導致時代變化速度加快，幾乎每一分鐘都在變化，因此拒絕學習就會被時代淘汰。

　　再者，當大家都認為自己想得知的資訊，只要上網一搜就有，不需要學習，我們也要變革創新。因為網路上獲取的資訊多是斷章取義，看似沒問題，實際應用後就會發現不可行。

　　綜言之，變革創新已成為所有企業與所有人都要正視的一個課題。若是我們還像過去一樣，或是變革太慢，就會落伍。落伍了，不需要我們自己淘汰自己，市場就會先把我們淘汰。

　　因此，我才會倡導企業經營變革的六字箴言：轉念、轉變、轉型，亦即個人要先轉念，才會轉變；當個人轉念與轉變了，組織才會轉變與轉型。

　　這也可見，變革不是一個觀念，而是面對經營環境的改變，不管個人或企業都勢在必行。

　　正如現在大家感受較深的就是 AI 取代了很多人力工作。其實 AI 源自於早期的資訊收集，後來有了電腦，就

變成大家熟悉的大數據（Big Data），但是大數據收集很多，若是沒有去分析、解讀，就會變成大垃圾堆，一點意義也沒有；若是有去分析、解讀，就能變成我們精準決策的參考依據。

進入到 21 世紀的第三個 10 年，所有企業都會面臨變革，不能再自己埋頭苦幹的做，會很辛苦。以全世界的行銷與市場機制觀之，現在的時代已經不再是 B2B 與 B2C 當道的時代，而是 C2B 的 OMO（Online Merge Offline）當道的時代。

過去是生產導向，所以我們可以先把產品做出來，再找市場客戶賣掉，但是現在已經不能再這樣做，再這樣做就會面臨兩個經營的窘境：一是存貨過多；二是供不應求。很多人會覺得供不應求是一件好事，其實這是錯誤認知，因為這代表根本不知道市場客戶到底要什麼，沒有事先做好產銷的規劃與準備。若有事先做好產銷的規劃與準備，就會思考產銷之間如何配合，如此就不會存貨過多或供不應求。

這也意味著時代腳步在更新，墨守成規很危險，我們不能再靠以前的經驗方法、經營模式賺錢，要變革創新。

　　談到變革創新，我們就要落實創新大師克里斯汀生（Clayton M. Christensen）倡導的破壞性創新。克里斯汀生的破壞性創新就是今天要否定昨天，今天要超越昨天，如此就不會延續昨天，守在熟悉的慣性環境裡思考。

　　克里斯汀生的破壞性創新也告訴我們，未來全世界人類面對到的各種改變，若要做破壞性創新來應對，就不能在我們熟悉的環境中進行，必須在體制外進行。因為若是在體制內進行，就會被體制內的組織慣性抹殺掉，亦即面對破壞性創新的變革，體制內的組織會習慣性的排斥、抗拒、靜觀其變或消極抵制，如此就會造成變革窒礙難行，因此我們若要做破壞性創新，就要在體制外做，不要在我們熟悉的領域裡做，如此才能得到變革創新的效果。

　　我們可以從手機的演變史看到，最早的手機是 1983 年摩托羅拉（Motorola）推出的黑金剛，像磚頭一樣，相當厚重，還有一支超長的天線，充電器也像小型電腦一樣大，只能用來打電話，這是現在的年輕人難以想像的過去。後來諾基亞（Nokia）、摩托羅拉與黑莓（BlackBerry）陸續推出功能型手機，就體積變小、重量變輕，同時還可以玩遊戲、發簡訊、聽音樂、拍照、上網。

不過，這樣的光景約莫 10 年就改變了。 2007 年蘋果（Apple）推出智慧型手機，以觸控螢幕取代實體按鍵，又整合了電腦傳輸功能、相機功能，乃至我們想要得到什麼資訊，手機一查，就立即知道，我們現在習以為常的手機，在過去根本是想像不到的。

而曾經稱王稱霸的諾基亞、摩托羅拉與黑莓，如今也銷聲匿跡。雖然這三大品牌曾經一度想要跨足智慧型手機，但是因為晚了一步，沒有即時因應科技帶來的改變，快速調整策略來應變，所以就在時不我予下，一蹶不振。

無獨有偶，過去我們提到底片相機，都是柯達（Kada）與富士（Fujifilm）獨領風騷，但是現在柯達已經式微。因為 1990 年代數位相機取代傳統相機，到了 2000 年代，智慧型手機又取代數位相機，現在幾乎只有專業人士才會使用相機，一般人已經很少使用相機了，因為手機就可以拍出媲美相機的好照片。

而柯達就是因為沒有意識到底片市場已在快速萎縮，還在有恃無恐，沒有即時轉變與轉型，才會在 2012 年淪於破產的命運。相較之下，富士有即時轉變與轉型，把做底片的膠原蛋白與抗氧化技術拿來做美妝保養品，因此能翻轉上來。

可見，在變革創新的過程上，不管個人或企業，若是沒有跟著科技或產業的快速變化來即時轉念、轉變與轉型，就會失去競爭力。

這也呼應本章的標題—新速實簡，也就是創新、快速、實用、簡單。經營決策者的變革要符合創新、快速、實用、簡單，變革才有效果。

變革若要成功，就要經營決策者先有變革意識。經營決策者若沒有變革意識，就不會想要變革。經營決策者若想有變革意識，就要隨時關注經營環境的變化。

當經營決策者有了變革意識，就要有變革的管理團隊來帶動執行，並且這個變革的管理團隊必須互通有無、緊密結合，不能各做各的。

再者，這個變革的管理團隊也必須是全才，不能是專才。因為專才會陷入專業的迷思，思維狹隘，走入死胡同，導致變革窒礙難行；全才才有寬廣的思維，思維寬廣才有利變革的推行。

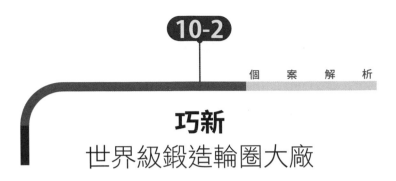

# 巧新
## 世界級鍛造輪圈大廠

◆ **公司經營理念**

　　技術領先，客戶優先，永續當先

◆ **公司願景目標**

　　成為移動產業鍛造產品解決方案提供者。

◆ **公司發展沿革**

| 年份 | 重要大事紀 |
|------|------------|
| 1994 | 巧新工業成立，生產高爾夫球頭、自行車零件及國防工業零件。 |
| 1997 | 完成鈦合金壓縮器可變進氣導片鍛造技術開發。<br>獲得鈦合金高爾夫球頭鍛造專利。 |
| 1998 | 成功開發鋁合金16G 航太用飛機座椅鍛胚。 |

| 2000 | 更名為「巧新科技工業股份有限公司」。<br>跨入汽車零件產業，開發鍛造鋁合金輪圈。 |
|------|---|
| 2001 | 成為通用汽車一階供應商。 |
| 2006 | 股票掛牌興櫃。<br>成為福特汽車一階供應商。 |
| 2007 | 成為克萊斯勒汽車、豐田汽車一階供應商。 |
| 2008 | 以自有品牌SAI銷售卡車輪圈。 |
| 2009 | 成為歐寶一階供應商。 |
| 2010 | 取得德國KBA/TUV汽車系統認證。<br>取得AS9101航太認證，成為漢翔合作夥伴。<br>成為本田一階供應商。 |
| 2017 | 德國塗裝廠投產，就近供應歐洲客戶訂單。 |
| 2020 | 屏東廠投產。 |

### ◆ 公司經營重點變化

巧新一開始是做鑄造，但是因為中國也可以做鑄造，而且一堆人在做鑄造，再加上巧新做的是高爾夫球頭，在市場競爭上拚不過屏東的大田與高雄的明安，因此一度瀕臨倒閉，後來接任總經理的李明和帶領巧新進行產品的變革創新，改做汽車輪圈的鍛造，吸引投資者注資，才起死回生。

只是李明和雖然帶領巧新進行產品的變革創新，

讓巧新起死回生，但是他的變革創新並沒有持續進行，一味仰賴美國市場，而美國市場向來都是玩價格戰的市場，任何產品賣到美國都會被殺價，李明和以為守在美國市場可以低價搶單，結果 2008 年全球掀起金融海嘯，主要客戶都出問題，就讓巧新再度瀕臨倒閉。

後來接任總經理的石呈澤不再枯等美國平價車鍛造輪圈的訂單，而是另尋出路，開發新市場，打入歐洲、日本等高檔車與超跑的鍛造輪圈供應鏈，並且為了維持應有的利潤，把價格賣貴，才又讓巧新再度起死回生。

只是 2017 年巧新高層打起經營權爭奪戰，石呈澤在不滿董事會的決定下，就逕自請辭。而作為巧新業務與研發大將的石呈澤一離開，巧新的營收、獲利及股價就應聲崩盤。

石呈澤離開巧新後，巧新改組董事會，由財務副總黃聰榮接任董事長，業務副總林昌麟接任總經理。然而，林昌麟接任不久就請辭，導致黃聰榮不得不兼代總經理，親自去跑業務。

因為黃聰榮過去從未跑過業務，因此跑起業務的做法與公司過去的做法不一樣，在他主動開發新客戶，了解客戶需求，從而補強巧新的不足下，巧新就拚出有史

以來最高的接單量。而黃聰榮能讓巧新接單量創新高，主要就是因為巧新底子好、產品對、市場對、客戶對，因此雖然歷經高層大變動，內亂一陣子，但是穩定下來後，業績就恢復上來。

如今看好航太產業、電動車產業將是未來的主流產業，巧新也從汽車輪圈跨足飛機座椅、汽車底盤，如此的變革創新，將有利於它重返過去的榮景。

### ◆ 觀察評估解析

巧新現在是全球第二大鍛造輪圈廠，但是一開始不是做汽車輪圈，而是做高爾夫球頭。當時我是明安集團的顧問，協助明安做到台灣高爾夫球頭、球桿、球具的第二大。當時的第一大是大田。巧新作為市場後進者，發現沒有勝出的機會，就不做高爾夫球頭，改做汽車輪圈。

巧新會從傳統的鑄造升級成高階的鍛造，主要是因為他們來上我的課程時，發問：「公司想要蛻變，該怎麼辦？」我給的對策是，做鍛造，才能擁有毛利高的藍海市場。若是一直做鑄造，就會陷入紅海市場的價格戰。後來巧新請了鍛造專業的博士來研發，研發成功後就翻

轉上來。

　　鍛造與鑄造其實差很多。比起鑄造輪圈，鍛造輪圈的亮度更高且輕量堅固耐用。飛機就一定要用鍛造輪圈，現在的高檔車與超跑也是用鍛造輪圈，只有一般汽車是用鑄造輪圈，不過，現在也漸漸改用鍛造輪圈。

　　巧新靠鍛造輪圈起家，是巧新決策者的正確決策，這個正確決策讓巧新起死回生；巧新過度依賴美國客戶，低價搶單，則是巧新決策者的錯誤決策，這個錯誤決策讓巧新再陷困境。巧新決策者會有錯誤決策，主要是因為活在成功的情境裡，就不會想到要開發新市場。而沒有開發新市場，過度依賴舊市場，就容易往生。這點我們要引以為戒。

　　再者，台灣製造業現在其實已經沒有玩價格戰的優勢。要玩價格戰賣便宜，過去一定輸給中國，現在一定輸給東協。若是為了壓低成本，一天到晚移來移去，當10年後移到非洲，就沒有下一個地方可移。

　　因此，製造業不能玩低成本策略，必須在現有基礎上進行技術、品質與材質的變革提升，做出創新、獨特價值，進入藍海市場，才容易勝出。巧新就是從紅海市場的鑄造升級成藍海市場的鍛造，在工法上走對了路，

且在品質、材質、功能上做了一些變革創新的動作，因此能翻轉上來，在全世界的輪圈產業裡一枝獨秀。

巧新的輪圈也做客製化，只是這個客製化是ODM（Original Design Manufacturer）的 OEM（Original Equipment Manufacturer），而不是單純的 OEM。ODM 的 OEM 是有技術可以做出模組化的半成品，再依客戶需求，加上客戶要的元素，諸如外觀、強度要做到什麼程度，最後變成客戶的專屬成品。巧新的價值就在這裡。若是 OEM，就無法創造這樣的技術價值。

巧新的輪圈也不只有研發、生產是自己來，連銷售都不假他人之手。巧新的業務團隊是在地化，海外業務員有一半是當地人，多是來自歐美車廠的技術人員或採購人員，因此內行、有人脈，對客戶瞭若指掌，與客戶談生意時，在產品有優勢的基礎上，很容易成交，即使台灣海運到歐洲要 4 至 6 週，也因為當地業務員的人脈廣與應變力快，因此總能搶先攻占國際市場。

這也可見，我們要拓展海外市場，不一定要外派台灣人，啟用當地人會比外派台灣人更有效。因為台灣人即便會講英語，也無法在地化，與當地人有溝有通，只有當地人會講當地語言，能融入當地，與當地人有溝有

通。

再者，啟用當地人，當地人的市場敏銳度高、應變速度快，能隨時掌握客戶端的變化，也能先備貨，就近供貨，短時間交貨。若是守在台灣等訂單，應變速度就慢。

我們若要開發歐洲市場，就要在東歐建立供應鏈據點。這個供應鏈據點不一定要我們自己設，可以借力使力，運用併購、合資或策略聯盟的方式來擁有。當我們在東歐建立供應鏈據點，要從東歐出貨到北歐或西歐，就能享有零關稅優惠。

巧新接單，一旦接單量多到做不出來，也不會輕易擴充產能，而是會把高階的訂單留下來自己做，低階的訂單就外包給只會代工、不會行銷的競爭對手做，巧新只賺中間差價。因為巧新深知，只要掌握品牌、技術與客戶，就不會被對手取代。巧新也深知，獨占市場看似收益很好，實則市場獨占久了就會變成眾矢之的，反倒是寡占市場比獨占市場來得有利。

相較於獨占市場意指我們是市場上的唯一賣家，客戶非跟我們買不可，寡占市場則意指我們允許少數幾家同業存在。寡占市場比獨占市場有利，則在於有陪襯的

競爭對手存在，才能彰顯我們的厲害。

而我們要玩寡占市場，最棒的做法就是我們自己默默培養兩三家陪襯的競爭對手，私底下掌控他們，或者我們與我們的競爭對手談好不要彼此把價格拉低，而是共同來吃下這個市場，如此就可以在市場上呼風喚雨。

1990 年台灣製造業開始一窩蜂地西進中國設廠時，巧新也沒有跟風地到中國設廠，主要是因為巧新認為中國沒有它要的技術人才，而且到中國設廠，技術被竊取的風險高，員工學成後會變成競爭對手。

再者，相較於輕工業的機台很容易移動，鍛造設備要移動很麻煩。更何況巧新找的客戶都是可以接受它的報價比鑄造貴、比同業貴的客戶，因此不需要為了降低成本而到中國設廠。

巧新一路走來起起伏伏，其中，巧新的業務與研發大將離開巧新後，巧新沒有應聲倒閉，主要是因為巧新能做大是靠團隊，而不是靠個人。個人的英雄主義、唯我獨尊，可以帶給公司短期輝煌，卻無法帶給公司永遠輝煌。若是公司的核心技術僅被個人掌握，公司就會人亡政息。

而為了避免公司人亡政息，老闆就要強制規定公司的技術、工程、研發、商開單位必須撰寫工作日誌。工作日誌若是紙本的形式，就不能撕頁；若是數位化的形式，就只能瀏覽，不能下載，也不能使用隨身碟存取；以確保公司機密不會外洩。

　　這也可見，獨夫式經營不可能讓公司做大，因此老闆不能抱有「公司沒有我，一切都不行」的心態。若是如此，公司所有大小事都要找老闆請示，老闆的生老病死變化就會拖垮公司，因此聰明的老闆都是把公司經營到穩定之後，就找經營管理團隊來協助做大，自己坐享其成。

　　巧新一路走來的起起伏伏，讓我們體會到，企業不可能不改變；企業若是不改變，就一定會面臨很激烈的競爭。

　　正如台灣走過 1960 年代與 1970 年代的代工優勢，但是進入 1990 年之後就沒有代工優勢，因此一堆台商紛紛西進中國來創造代工優勢。而代工優勢需要低廉的勞動成本來支撐。有低廉的勞動成本，就可以賣得很便宜。這也意味著我們若是只會維持現狀、維持既有運作模式，當新興國家能夠賣得比我們便宜，我們就沒有競

爭力。

　　當然，這個問題不只在台灣發生，早在 1980 年代就在日本發生，逼得日本不得不轉往高階產品發展，台灣則是到了 1990 年之後，才轉往高階產品發展。巧新則是在 2000 年代被迫轉變與轉型，如今隨著鍛造輪圈時代的來臨，全球的飛機、賽車、超跑的輪圈幾乎都被巧新獨占，可見有與時俱進的變革創新，就能有更多的優勢價值創造。

# 科定
## 台灣最大裝修建材品牌

### ◆ 公司經營理念

運用科技、不斷創新、深耕扎根、穩定成長

### ◆ 公司願景目標

讓環保無毒產品銷至國內外飯店、公設建案等各式裝潢市場，並在國際上成為業界的領導品牌，並促成經濟、環境及社會之進步，以達永續發展之目標。

### ◆ 公司發展沿革

| 年份 | 重要大事紀 |
|------|-----------|
| 2002 | 科定企業股份有限公司成立，研發與生產塗裝木皮板。 |
| 2003 | 推出塗裝不織布。 |

| | |
|---|---|
| 2004 | 於台中成立第一家分公司。<br>生產塗裝木皮美耐板，外銷歐美各國。 |
| 2008 | 榮獲綠建材標章認證。 |
| 2009 | 推出手刮木地板。<br>於台北設立首間展示館。 |
| 2010 | 增建屏東廠。<br>成立上海分公司，走向國際。 |
| 2011 | 推出首支木地板廣告。<br>成立新加坡分公司。 |
| 2013 | 領先業界，木皮板全商品通過F1低甲醛規範。<br>於北京、新竹等高端一線城市成立據點。 |
| 2015 | 於中國增設7家分公司，提供海外更優質的服務。<br>增設苗栗貼合廠，完備產線整合。 |
| 2016 | 於中國再增設5家分公司。 |
| 2017 | 建置嘉義生產總部，實現更快速、穩定的一條龍生產。 |
| 2018 | 全球新增3座物流中心，供貨速度再提升。<br>股票掛牌上市。 |
| 2019 | 塗裝木皮板獨步全球首創3D木皮板。 |
| 2020 | 推出大尺寸寬幅木地板，降低拼接斷層問題。<br>成立天貓旗艦店。<br>成立菲律賓分公司。 |
| 2021 | 推出塗裝木皮板－啞光系列。 |
| 2022 | 推出環保批批板，強化環保建材優勢，跨足PP建材領域。<br>推出定製櫃，結合木作與系統櫃的優點，縮短案場工時。<br>規劃推出環保美耐板、批批木地板，攻占PP市場。<br>成立印度、印尼、泰國、越南與美國分公司。 |

## ◆ 公司經營重點變化

科定以塗裝木皮板起家。傳統的木皮板施工過程依賴現場人工噴漆，但這樣容易產生大量粉塵和刺鼻的油漆味。創辦人曹憲章意識到此問題，他想若能在工廠進行生產，再將成品送到現場進行組裝，就能解決問題並創造商機。憑藉豐富的管理經驗，曹憲章與漆藝卓越的黃天化一同創業，率先業界創造「先油漆後木工」的顛倒工法，引領了塗裝木皮板的產業變革和創新。

這項木皮板的變革創新雖然厲害，但是因為顛覆傳統，多不被使用者接受，因此曹憲章在創業初期面臨許多挑戰，因為他創新的木皮板並未受到使用者廣泛的運用。公司每個月都虧損，然而，曹憲章始終堅持「品質第一、成本第二」的理念，最終黃天化在技術上取得重大突破，穩定了製程並縮短了生產時間。儘管價格比同業高出 10%，但科定產品逐漸贏得愈來愈多使用者的認同和良好口碑，在成立的第三年，科定終於轉虧為盈，其塗裝木皮板也在業界贏得了知名度。

隨著科定逐漸做大，成為台灣塗裝木皮板的龍頭，曹憲章也沒有一味的守成，而是不斷地變革創新。

在產品面依據同心圓理論持續拓展產品線，包括塗

裝木皮板、手刮木地板、寬幅木地板等。因應市場環境的變化，研製定製櫃，結合木作櫃與系統櫃優點，並解決木工短缺問題。2022 年推出環保批批板，跨足無毒 PP 建材領域，滿足消費者對健康建材的需求。接下來也規劃推出環保美耐板和批批木地板。未來科定將多元化經營，致力於裝潢市場提供一站式購足服務。

在市場面則是深耕台灣內需市場之餘，也開始拓展國際市場。而基於同文同種、溝通較無隔閡，以及市場相當龐大的考量，首站是中國，隨後則往新加坡、菲律賓、印尼、印度等東協、南亞一線城市設立據點，未來將往全球一線富裕城市布局，藉此不斷擴大科定的市場占有率。

◆ **觀察評估解析**

我對科定的認識，是在科定老闆帶著經營管理團隊來上我的課程時。那時的科定還是一家小工廠，但是因為老闆好學，聽了我在課堂上的引導，會落實去做；包括導入計畫經營，落實日報表管理；啟動 MA（Management Associate；儲備幹部）招募，培養自己的菁英團隊；發展同心圓商品，擴大業績；走出台灣，國際布局；因此今天能在兩岸室內裝潢領域的塗裝木皮板占

有一席之地。

其實過去台灣的生活水準不高時，沒錢的人在室內裝潢上都是貼塑膠木皮，有木材的感覺就好，品質不重要，但是隨著生活水準提升，整體的感受就變得很重要。而科定適逢其時，正好做對了產業與產品，就發展得很好。

科定發展持續創新與突破，跨足 PP 建材和系統家具（KD 定製櫃）領域，以滿足客戶日益變化的需求。

這就讓我想起 20 年前要做室內裝潢，主要都是使用系統板材，這些系統板材大多都是塑膠加工後的材質，因為有防磨、防刮等功能，因此被辦公室或一些家庭廣泛使用。科定從這裡看到機會，做了變革創新，將塑膠材質的系統板材，貼上實木皮，提升質感，就創造了它的優勢價值，讓它得以不斷做大。

這也給了我們一個重要啟示，那就是不要用我們的經驗習性想事情，如果能把我們的經驗習性擺一邊，另起爐灶地推陳出新，且能做到滿足社會大眾的生活需求，就能做出一番成就。再者，變革創新是趨勢，雖然一開始做的時候不見得會很順遂，但是只要願意做，執行力到位，就沒有什麼是難事。

**李洲**
台灣 LED 封裝大廠

◆ **公司經營理念**

平凡、確實、成長、創新

◆ **公司願景目標**

多角化布局，投入照明燈具市場領域，並積極布局半導體封裝製程及產品研發。

◆ **公司發展沿革**

| 年份 | 重要大事紀 |
|------|-----------|
| 1974 | 李洲企業股份有限公司成立，經營塑膠模具及塑膠射出成型產品。 |
| 1978 | 正式投入LED 零件研發生產，跨足光電產業。 |
| 1980 | 南崁廠一廠量產，進行LED 模具、塑膠射出及反射蓋研發製造業務。 |

| 1989 | 中和廠正式量產,發展LAMP LED及LED Display研發製造業務。 |
|------|------|
| 1990 | 於中國成立東莞李洲電子廠,進入LED封裝領域。 |
| 1996 | 成立龜山廠,發展完整的發光二極體光電產品線。 |
| 2001 | 更名為「李洲科技股份有限公司」。 |
| 2002 | 於中國成立東莞李洲電子科技有限公司。 |
| 2003 | 於中國成立東莞洲磊電子有限公司,發揮垂直整合優勢,強化集團競爭力。 |
| 2004 | 股票掛牌上櫃。 |
| 2005 | 與日本領導廠商建立白光發光二極體技術合作夥伴關係。發表Lumichain系列產品,全系列產品符合綠色產品政策。 |
| 2009 | 發布新版企業識別系統－Oasistek。東莞李洲成立照明事業處。 |
| 2010 | 開發LED照明產品,進軍LED照明市場。 |
| 2012 | 產品線月產能首度超越40KK。成立研發部門,致力於開發照明及背光產品。 |
| 2014 | 產品以Oasistek品牌上市。 |
| 2016 | 完成集團營運中心整合、營運。 |
| 2021 | 成立半導體事業部門,代理銷售半導體產品或半導體封裝。 |

### ◆ 公司經營重點變化

　　李洲是做塑膠射出成品起家,1978年跨足LED(Light Emitting Diode;發光二極體)顯示器領域,成為

LED 產業的先驅者，與美國通用器材、日本東芝等大廠並駕齊驅。因為毛利率高達 50%，又沒有什麼競爭者，因此很快獲利。

1990 年台灣製造業開始大量外移，擁有大量 LED 訂單湧入的李洲也乘勢西進中國設廠，開始向外擴張版圖。

隨著訂單增加，李洲持續擴廠中。在同業競爭搶單下，李洲能勝出，主要是贏在速度與整合能力，亦即同業的交期要一兩個月，李洲只要一週，而且李洲的產品線多元，可以提供從塑膠射出、LED 磊晶、晶粒到封裝的一條龍式客製化服務，讓客戶滿意，因此訂單源源不絕。

2007 年金融海嘯衝擊全世界，致使李洲的營業額陷入虧損。創辦人李明順原本打算結束生產部門，後來在 2009 年把深耕 30 年的 LED 本業從傳統型科技製造業轉型成積極型科技服務業，也跨足能源產業，與太陽能結合，再加上 2018 年親自到中國工廠坐鎮，重振旗鼓，李洲的營業額就轉虧為盈。

另外，隨著國際大廠紛紛加入 LED 照明產業，LED 廠商多以燈源開發為主，燈具廠商多以傳統照明為主，

李洲也重新規劃產品線，分為燈源與燈具兩大主力來發展，並將組織切割成自有品牌與代工服務兩大事業群來聚焦強化品牌價值。

如今面對 LED 產業紅色供應鏈的衝擊，李洲也在看好半導體產業與生技產業的前景下，跨足半導體產業與生技產業來應對。對於 LED 本業，李洲則在站穩亞太市場之後，會擴及歐美市場。

◆ **觀察評估解析**

我是在 1999 年主持李洲，當時的李洲主要是做塑膠模具開發到射出成型，其中有一個製品是卡匣卡帶。稍微有點年紀的人應該都知道用來聽音樂的匣式錄音帶、卡式錄音帶。當時因為我在資訊產業待很久了，接手時就判斷這會漸漸被淘汰，因此就帶領李洲進行變革創新。

換言之，以整個音樂載體的發展史觀之，早期是黑膠唱片，接著是匣式錄音帶、卡式錄音帶，1990 年代 CD（雷射唱片）崛起之後，錄音帶就漸漸式微，如今 CD 也被音樂串流平台取代。音樂播放器也是同理，錄音帶盛行時，索尼（Sony）推出的 Walkman（隨身聽）也水漲船高；CD 取代錄音帶之後，就變成光碟機當道；音樂可

以數位輸出之後，就變成 iPod、手機當道。

整個音樂載體與播放器從早期到現在經歷了很大的轉變，這些轉變都與科技變革息息相關。當時我推估了科技變革的趨勢之後，就告訴李洲的老闆，繼續做這些既有產品一定沒有未來，所以我就開始帶著公司轉變與轉型。

就組織面而言，我做了流程再造。我告訴 MIS 主管：「我要更換公司系統。」MIS 主管回我：「不可能，大家太忙，沒時間轉檔。」於是我把所有主管幹部召集起來，對他們直言：「換系統是公司的既定政策，公司已經讓你們週休二日，你們若是平日忙不過來，沒時間轉檔，就利用週六、週日加班，公司會給加班費，務必在月底完成所有轉檔工作，若有困難，就寫出（辭呈）來。」

因為我這樣強勢的要求，大家在月中就完成所有轉檔工作。可見，要團隊把事情做好，絕不能用罵的，但是要強勢，才不會被欺負。何謂強勢？就是言之有物，言之有理，而非強詞奪理。

就產品面而言，我則讓李洲跳脫過去的塑膠射出領域，跨入電子產業的光罩領域。我將塑膠射出產線換

掉，改成光電產業的運作，在此過程中，勢必要買新設備，這要花很多錢，但是我並沒有讓老闆出錢，而是找銀行融資。老闆會同意我找銀行融資，主要是因為我向老闆分析，做光電產業與做塑膠射出，毛利率差了 4 倍，用這個毛利率來付銀行本息，綽綽有餘。

而這個轉變與轉型就讓李洲從做了多年的傳統產業一躍變成科技產業，上櫃的股價也跟著有了明顯的漲勢，可見當我們做對產業產品來變革，就會產生不同凡響的效果。

# 總結

　　巧新、科定、李洲的變革創新，都有一個共同背景，那就是科技改變了所有一切，科技帶給各個產業很大的變化，因此不要以為只有工業性產業與消費性產業才需要變革，其實各行各業，包括農林漁牧業，都必須正視科技變革帶來的影響。

　　台灣很多中小微型企業的通病就是成立公司，打下天下，賺到錢後，就坐享其成，只想維持眼前的榮景，不想做得更大，如此就會因為格局小而沒有影響力，乃至錯失很多可以擴大的機會，導致一遇逆境就一蹶不振。生意很好的路邊攤就是一例。

　　鬍鬚張則是從路邊攤翻轉上來的範例。換言之，鬍鬚張原本是賣魯肉飯的路邊攤，二代接手後，想要變得不一樣，就向我諮詢。我先是建議他把路邊攤升級成店面。當他做到後，我就教他如何建立品牌，如何從孤家

店變成連鎖店。

因為他願意變革，不會保守與固守，因此創業 60 年後的今天，能在台灣與日本遍地開花。這也意味著台灣中小微型企業其實都是有機會擴大成中大型企業的，端視決策者有沒有心轉念、轉變、轉型而已。

當然，決策者若有心想要變革，也不能過度衝動地去做，或還未準備周延就貿然去做，會適得其反，「食緊挵破碗」。換言之，變革的成敗關鍵雖然在速度與成果（績效），但是若要兩者擇一，成果就比速度重要。當然，若能同步進行，就最完美。

而變革要速度與成果同步進行，就要先看清一切，確認可行後再進行，並且進行前，要向團隊說清楚講明白，取得團隊認同。不能把所有事情都當作秘密，不與團隊溝通。既然公司的事業發展、同心圓發展要靠團隊執行，就不能把它當作秘密。若是把它當作秘密，團隊執行就無法到位。

再者，變革有時候要引進外來的刺激，若是一味的家天下，威權管理，團隊就會習慣聽命行事，不會想到要改變，如此，整個公司就會變成一言堂，無法有不一樣的變化。

　　當然，家天下的威權管理模式也沒有什麼不對，只是前提是要傳承給對的人，若是傳承給不對的人，對公司就會造成很大的傷害。

　　若要減少家天下的色彩，就是先把所有權與經營權分開，接著所有一切都是靠制度來運作，而不是靠人來運作。最後就是啟用專業經理人，把經營權交給專業經理人，不干預經營。

精準決策

運用統合管理顯精實

# 經營策略的導用認知

　　企業經營有一個關鍵重點，就是要做出精準決策。而要做出精準決策，就要有豐富情資，做好統合管理。為什麼要做統合管理？最主要是為了讓公司的營運指標更明確，而不是讓各部門各自為政，各自設立自己的績效指標。

　　當企業集團化，要在意的就不是員工數有多少、組織規模有多大、個員績效是如何，而是集團總績效是如何，因此企業集團化之後，整合企業的經營績效是關鍵。畢竟當母體開枝散葉出很多個 BU（事業部），BU 一多，就容易失控，因此 CEO 身邊要有幕僚團隊（總部）協助 CEO 把所有 BU 的經營績效整合起來。

　　換言之，企業經營，經營者的腦袋要想的不是技術與業務，而是績效創造，亦即企業經營必須創造績效，創造績效就是為了獲利、育才、讓客戶滿意、盡社會責

任。要創造績效，就要做好統合管理。當企業發展到某個階段，需要多功能性、多元性經營時，就要把功能性組織變成統合管理的架構。統合管理也稱為整合管理。整合已成為今後的主流趨勢。

何謂整合（Integration）？大家比較熟悉的可能是虛實整合，其實整合是包羅萬象，不只有虛實整合，主要可分兩大部分：一是科技整合；二是科際整合。

科技整合是技術面的整合。相信大家都知道，科技自 21 世紀之後就快速變化，科技的快速變化給各個產業帶來很大的變革，諸如我們現在已經用到稀鬆平常、不以為意的手機，其實就是科技整合的產物。

電動車也是科技整合的產物，它與油電車最大的不同就是不需要引擎。過去很多國家與企業都想要發展汽車，卻都發展不起來，問題就是卡在引擎做不好。台灣就是因為引擎做不好，才會即便有了國產車，也要依賴外國的引擎。而電動車，主要是由三電系統組成，也就是電機、電控及電池的整合。

現在最流行的 AI 聊天機器人 ChatGPT 也是科技整合的產物，我們想知道什麼，只要問它，不用 10 秒就能得到答案。雖然現階段的技術還做不到 100% 的準確

度，但是已有 80% 的準確度，且不需要我們花很多時間去找，只要 10 秒就能知道 80% 的情資。這就是資料庫（Database）的運用與整合的價值。資料庫就來自各方面情資的蒐集與整建，將相關資料整合在一起並加以分析，就有助於我們做出更快速、更正確的判斷。

除手機、電動車、ChatGPT 外，現階段我們享有的很多資源其實都是科技整合的產物，這些都是在過去 18、19 世紀，乃至第二次工業革命（1870 年至 1945 年）時，想像不到今天會變成這個樣子的。這些都是整合產生的效益。

而科際整合，則是功能面的整合，亦即想當管理者，就要跨足各個功能領域，讓自己多職能化。愈專業只能愈基層，因為只懂專業，容易陷入井蛙之見，見識短淺狹隘。唯有懂得愈多，決策才會愈精準。

正如專業技術強的研發設計者開發出來的新品常常乏人問津，就是因為技術好，卻孤芳自賞，沒有符合市場需求。然而，技術再好，若是不懂市場需求，就無法得到市場的迴響。

因此，我訓練管理團隊，都會要求所有主管不能只懂自己的專業，必須多職能化，特別是理級以上主管，

必須組織八大功能（行人生財研總資管）都懂。若是過度專業，就容易陷在有限的範圍裡想事情，最後陷入死胡同。應站在巨人的肩膀上看世界，才能看得更廣、更遠。當我們懂很多且能將科際整合在一起，我們能看到的就會是整個面與體，而不會只是一個點或一條線。

我們可以看到台灣很多專業技術強的人自己出來創業，很快就倒閉，關鍵原因就在他們過度專業；過度專業，決策思考就會狹隘；決策思考狹隘，就容易誤判；因此我才會不斷倡導分權管理的責任中心制或 BU 制，並且要求中心主管或 BU 主管一定要經過訓練，變成多職能化的科際整合者，才能勝任這個職位。

換言之，不論是科技整合或科際整合，都能創造實用的價值或精準決策的效益。

若以企業經營的角度觀之，多年來我經營企業或輔導企業，只要接手公司，我就會設法讓公司業績翻倍成長，同時將組織轉變成分權管理模式，由集團總部（總管理處、總經理室）負責統合管理。

統合管理是要落實內控九大循環，因此總部的功能會與九大循環呈正相關。內控九大循環就意指銷貨（應收帳款）循環、採購（應付帳款）循環、生產循環、人

資循環、資金（現金流量）循環、固資循環、融資循環、研發循環、資訊循環。

統合管理的價值就在總部要把所有 BU 或所有功能部門做的事情整合起來創造綜效。因為執行團隊在前線作戰都是一路打過去，不會管後頭的變化是什麼，因此要有人來監控，這個人就是總部。

總部要做統合管理，總部的總管理處就要具備八大統合功能，亦即行銷／PM 統合功能、產銷統合功能、研發／商品統合功能、資材統合功能、人資統合功能、財會統合功能、資訊統合功能、品保統合功能。

就行銷／PM（Product Marketing）統合功能而言，行銷統合部是負責接單，亦即公司所有業務都由行銷統合部負責，工廠不能接單，工廠只能聽命行事，沒有業務能力。有的公司會把行銷功能與業務功能放到 BU，這時 PM 功能就要由總部掌控，由總部負責商品規劃。

就產銷統合功能而言，產銷統合部是負責發單，又稱大生管，亦即行銷統合部接到訂單後，就交由產銷統合部發單給各工廠生產。

就研發／商品統合功能而言，研發統合部是負責開發產品，商品統合部是負責尋找商品。在製造業，要設

的是研發統合部；在買賣業，要設的是商品統合部。

就資材統合功能而言，資材統合部是負責關鍵零組件、重要零組件、大宗物資的總採購，再分發至各工廠。各工廠只負責零星資材、零組件、原物料的就地採購或就近採購。總部要規劃清楚哪些資材由總部統一採購、哪些資材分給各工廠就地或就近採購。而關鍵零組件、重要零組件、大宗物資由總部統一採購，總部就能彙總總量，因量大而取得較優惠的價格。

就人資統合功能而言，人資統合部是負責集團組織發展、人資政策、教育訓練、職涯發展體系的總體規劃，各工廠或各 BU 只負責各自的人事行政管理，諸如出勤、招募、薪資計算等。

就財會統合功能而言，財會統合部是負責集團會計彙總、財務資金彙總、資金調度、利潤規劃與分配（諸如轉撥價），各工廠或各 BU 只負責各自的損益與基本運作的支出。因為各國的稅法不盡相同，會計法規也不盡相同，因此當工廠或 BU 分散在各國，稅務帳就要交由各工廠或各 BU 自行處理。

就資訊統合功能而言，資訊統合部是負責軟硬體系統整合、資安防護。諸如當整個集團所使用的電腦都是

同一個品牌，電腦衝突的機率就會少，報廢的兩台電腦還可以拆出裡面可用的零件組裝成新的一台。若以軟體而言，EIP（Enterprise Information Portal）是必備。正如大毅科技導入 EIP，用 EIP 管理整個集團從總部到工廠，如此，CEO 不需要親臨廠區，就能對所有工廠各自的運作情況瞭若指掌。

就品保統合功能而言，品保統合部是負責品質管理與檢驗規範制定。

若是連鎖產業，就要建立連鎖總部，連鎖總部要做統合管理，就要具備八個流，亦即營運流、行銷流、管理流、資訊流、商流、物流、金流、人流。

營運流是規劃發展與營運模式與經營輔導；行銷流是規劃行銷與 SP（Sales Promotion）；管理流是規劃總部制度與區域和單點管理須知；資訊流是規劃連鎖的系統運作；商流是商品的規劃、開發及產銷規劃；物流是商品配置與即時物流規劃；金流是貨款與現金收支規劃，以及連鎖店日結損益和帳務規劃；人流是組織規劃，以及人員的選用育評留管理。

換言之，統合管理不是各 BU 的事，而是總部的事。以人體來比喻，總部就是腦袋，BU 就是手腳，腦

袋要靈活，手腳要靈巧，亦即總部要做政策策略規劃思考，拍板定案後就要發號施令給 BU，BU 接下指令後就要使命必達。

再者，在集團運作上，總管理處是必備的，其有 5 個核心職能。一是總管理處要建立八大統合部（若是連鎖產業，就是連鎖總部要建立八個流），並且八大統合部各自的職能要界定清楚，整個集團所有相關功能部門與 BU 的職責也要規劃清楚。

二是總管理處要避免 BU 為了貪小便宜，短期操作，丟失長期利益。具體而言，就如總管理處不能允許體系內有價格差異的銷售。若是連鎖產業，就是總部不能讓同一個系統的各分店競相殺價。直營店與加盟店若有價格亂賣的情況，就是總部失能。換言之，總部可以推出促銷活動的促銷價，但是落實到各分店，不管是直營店或加盟店，都要同步進行，不能各自為政。

三是總管理處要做好商品銷售的利潤分配規劃，避免影響集團經營的綜效。

四是總管理處要建立調撥機制，做好資源的整合運用，避免疊床架屋，過度浪費。若以連鎖產業而言，就如 A 分店缺貨，總部就要向它的周邊分店調貨來給 A 分

店賣，被調貨的 B 分店不能有「這是我的」的錯誤心態，拒絕接受總部的調撥。

五是總管理處要制定標準規範，包括制度化、標準化、表單設計。其中，制度化是要把規章辦法與 SOP（標準作業流程）訂出來。這也意味著進入總管理處的人要會寫規章辦法與 SOP。標準化則意指要有統一的執行標準。

換言之，因為各國文化民情、政策法規不同，進駐當地的 BU 必須有因地制宜的措施，不能讓總部發號施令，但是整個運作的準確度與品質度，就要由總部規劃。

簡言之，總部要做的統合管理就包括：制度的整合規劃、規章辦法與 SOP 的整建、目標的規劃確認、執行策略的規劃思考、執行專案計畫的彙總管理、執行績效的追蹤輔導。

## 11-2

個　案　解　析

# 詩威特
## 台灣美容保養品牌

◆ **公司經營理念**

　　愛，癒，美

◆ **公司願景目標**

　　不只是肌膚問題的專家，更是肌膚美麗的專家。

◆ **公司發展沿革**

| 年份 | 重要大事紀 |
|------|-----------|
| 1981 | 詩威特國際美容機構成立。 |
| 2002 | 啟用專業經理人，公司快速轉型並擴充至200家以上，成為第一大連鎖。<br>建立美容師認證制度，提升服務品質。 |
| 2003 | 導入ERP系統，將連鎖經營即時化與雲端化。 |
| 2004 | 結合皮膚科醫師，正式跨入醫美領域。 |

## ◆ 公司經營重點變化

詩威特是創辦人 Poling Lai 為了解決深受粉刺、面皰困擾的人，幫助他們重拾對人生的自信心而創立的。詩威特創立之初是以專業的美容沙龍與專利技術樹立於業界。在運用傳銷手法建立品牌之後，就與當時的知名品牌自然美、克麗緹娜鼎足而立。

我接手主持前，詩威特是家長式領導的家族企業；我接手主持後，就為詩威特整建制度，導入計畫經營，建立連鎖總部，導入 ERP（Enterprise Resource Planning）系統，讓詩威特正式進入加盟連鎖的經營模式。詩威特的展店數也從 30 多家快速增至 10 家直營店與 268 家加盟店，取代前往中國發展的自然美與克麗緹娜，成為台灣第一大美容連鎖。

隨後推出 AI-15 保養品，更在 2003 年 SARS 疫情爆發時，創造 30 倍的業績成長，成為流行美容保養品牌。如今仍始終如一地為解決肌膚調理與保養問題而努力。

## ◆ 觀察評估解析

我是在 2002 年接任詩威特總經理，我主持詩威特的

3 年間，為詩威特賺進 14 億元，展店數也從 30 多家快速增至 200 多家，箇中關鍵就在我為詩威特導入系統，奠定了基石。

我當時為詩威特整建連鎖總部，就是運用系統來整建。很多人都以為企業要走上系統化、資訊化，需要花很多錢，其實不然。

因為我們其實不需要用到 ERP 裡的所有模組，我當時只花 56 萬元，就讓連鎖總部系統化。以中小微型企業而言，只要導入會計總帳、進銷存及 CRM（Customer Relationship Management） 這 3 個模組，就能帶給我們精準決策的效益。

當我讓連鎖總部系統化之後，我就以「想不想知道今天一天賺多少錢」的話術，說服加盟店安裝店鋪管理用電腦，每天結損益。

因為加盟店的店鋪管理用電腦內建了一支與總部連線的程式，因此加盟店每天一開機、一按 Total 鍵結損益，今天賣了什麼，資料就會自動回傳至總部，總部就會知情。

而總部知情之後，就可以做自動撥補，同時訓練業

務團隊關心加盟店:「老闆,你某某商品快要缺貨了,我幫你補貨。」老闆若問:「你怎麼知道?」就回:「因為我很關心你。」

自動撥補的運作,也讓詩威特過去常見的配送丟失問題得以解決,亦即詩威特發貨前,整個封箱過程會透過監視器拍照錄影留存。

當有加盟店貪小便宜,反映少送,總部就把這個留存畫面拿給他看,他看了之後通常就會「恬恬」,或者回說:「啊,我弄錯了!」這時總部只要告訴他:「沒關係,弄清楚比較重要。」對方就不會翻臉,也不會再反映少送。若是對方還是硬ㄍ,總部就賠給他,但這個生意我們可能就要評估還要不要做。

接著,透過系統分析,就可以知道哪些客戶是 TA(Target Audience),且哪些類型的人需要的商品是什麼,便於聚焦推廣。

總部有進銷存系統,透過系統分析,也可以知道各店什麼商品賣得最好,以及各店的尖離峰時間及旺淡季變化是如何,乃至進到各商圈的客戶屬性是什麼,如此就可以做區域分析、客戶消費分析、商品周轉分析,這3個分析整合在一起,價值就更高。

　　有了系統當基石，我還為詩威特建立了內部的美容師認證制度，共 4 級，比國家認證多 2 級。詩威特的美容師必須取得第 4 級卓越美容師的認證，才有當店主管的資格。正因為詩威特展店需要的美容師和店主管都是認證出來的，因此可以快速展店而無後顧之憂。

　　有了系統當基石，詩威特也能做到快速供貨、精準供貨，總部的存貨不會過多，又能創造業績的倍增。這也意味著連鎖總部的功能不是開很多店，然後每一家店都備很多庫存。這是錯誤的經營模式，會讓我們陷入黑字倒閉。

　　黑字倒閉就是公司經營下來，損益表結出來是賺錢，但是公司卻因資金周轉不靈而倒閉。換言之，賺錢的公司也會倒，會倒的關鍵有三：一是因為存貨過高、應收帳款過高或應收票據過高，導致公司的金流卡住；二是因為亂投資，導致公司的金流卡住；三是因為花很多錢買公司不急切需要的設備，導致公司的金流卡住。

　　因此，我們掌握的情資一定要完整豐富，才能讓我們做出精準決策。若是我們掌握的情資不夠完整豐富，就容易以偏概全，做出錯誤決策，導致公司即便損益表賺錢，也陷入困境。

若以商品面觀之，我接手前，公司只賣 SPA，一個時段只賺 1000 元；我接手後，就告訴老闆：「做 SPA 賺不了什麼錢，因為美容師是用手技服務，做一個人一次療程收 2000 元，一個美容師一天可以做幾個客人？」我引導老闆：「賣人力是錯的，要賣物件，物件才能量化。」

老闆同意後，我就規劃策略地圖，啟動同心圓的第二個圓，賣美容保養品，結果一組美容保養品賣 5.6 萬元，美容師可以抽成，我接手的第一年，業績就上來。

我接手的第二年，SARS 疫情爆發，導致客人紛紛取消預約。當時我的決策不是下修目標，而是提出應變對策。因為我已啟動同心圓第二個圓－賣美容保養品，因此在 SARS 疫情肆虐期間，我就推出美容保養品配送到府的服務，亦即客人不需要來店，我們會服務到家。

當時我是下令所有分店的所有人員分批到總部接受客服訓練，回去後做電話行銷，打電話告訴客人：「SARS 期間不要出門，但是在家照樣要好好保養身體。因為我關心你，所以我推估你的保養品差不多要用完了，需要再買。你缺哪一瓶，我會配送到府，貨放在你家門口，你只要從門縫把錢遞出來，我收了錢走後，你

再開門拿貨。」

這個對策就讓公司在很多同業都束手無策下，總體業績逆向成長，亦即 SPA 的業績雖然是衰退的，但是美容保養品的業績是大增的。

這也可見，辦法是人想出來的，若是只會沿用過去的辦法，就會死路一條。當然，辦法是管理者想的，而不是執行者想的，管理者要責無旁貸。

若是交給執行者想，執行者想錯了，做錯了，管理者還要收拾殘局。而執行者想錯的機率往往比管理者大，因為執行者通常是站在本位上想事情，思維過於狹隘，因此壞事率高。反觀管理者，是綜觀全局想事情，因此壞事率低。當然，管理者若是壞事了，就要負責到底。

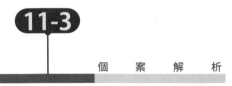

個　案　解　析

# momo
## 台灣最大 B2C 購物網

◆ **公司經營理念**

物美價廉、優質服務

◆ **公司願景目標**

秉持專業、創新及善盡社會責任，建構成為亞洲消費者及供應商首選的虛擬購物平台。

◆ **公司發展沿革**

| 年份 | 重要大事紀 |
|------|-----------|
| 2004 | 富邦媒體科技股份有限公司成立。<br>電視購物頻道正式命名為「富邦momo台」。<br>為推展旅遊產品，成立子公司－富昇旅行社股份有限公司。 |
| 2005 | 富邦momo台正式開播，每天播送24小時購物節目。<br>momoshop 網站上線，momo 型錄創刊。<br>達成單月損益平衡。<br>為推展人身保險產品，成立子公司－富立人身保險代理人股份有限公司。 |

| 2006 | 為推展財產保險產品，成立子公司－富立財產保險代理人股份有限公司。 |
|------|----------------------------------------------------------------|
| 2008 | 跨足實體通路，首家momo藥妝店開幕。<br>momo 2台及3台開播。 |
| 2009 | momo購物網躍升為全台前三大B2C購物網站。<br>全台第一家取得ISO 27001資安認證的購物台。 |
| 2010 | momo百貨開幕。<br>momo型錄發行量突破100萬份，為全台最大購物型錄。 |
| 2011 | 中國子公司富邦歌華（北京）商貿有限責任公司正式成立。 |
| 2012 | momo購物網單月營收突破10億元。 |
| 2013 | momo百貨經營權轉讓。 |
| 2014 | 與泰國TVD Direct合資成立TVD SHOPPING CO.,LTD。<br>公司英文名稱變更為momo.com Inc.。<br>momo購物網APP上線。<br>泰國TVD SHOP電視購物正式開台。<br>momomall摩天商城開始營運。<br>momo藥妝經營權轉讓。<br>momo電視購物APP上線。<br>股票掛牌上市。 |
| 2015 | 投資北京環球國廣媒體科技有限公司。 |
| 2017 | momo購物網網路書店上線，正式跨足圖書市場。 |
| 2019 | momo購物網APP推出以圖搜圖功能服務。 |
| 2020 | 成立子公司－富昇物流股份有限公司。<br>攜手myfone門市推出到店取貨2.0服務。 |
| 2021 | momo購物網推出5h超市，集結超過5000件商品5小時內到貨。<br>momo購物網新增中華郵政自助取貨服務。<br>momo台南永康物流中心正式啟用。<br>成立子公司－富美康健股份有限公司。 |

| 2022 | 榮獲國家永續發展獎，為台灣電商首例。<br>富昇物流與蓋亞汽車攜手合作推出momo電動三輪車，加入短鏈物流車隊。 |
|------|------------------------------------------------------------------------------------------|
| 2023 | 2022年全年營收1034.4億元，年增17%，首度締造千億營收新記錄，達成台灣電商新里程碑。 |

### ◆ 公司經營重點變化

momo是做電視購物起家，然後靠百貨通路打響品牌。後來隨著電商通路崛起，就果斷結束經營不善的百貨通路與連鎖店通路，轉戰電商通路。

面對電商業者的削價競爭，momo是引進大量品牌，包括獨家引進全球知名的專櫃品牌（諸如台灣萊雅LUXE），來打造多品牌優勢。因為momo的主要客群為女性，而女性購物多以品牌認同為優先，因此擁有多品牌優勢的momo可以穩坐市場霸主地位，不被同業的削價競爭擊垮。

再者，同業在大打運費補貼戰時，momo是在打造短鏈物流，除物流中心外，還有小型衛星倉遍布全台，讓momo可以根據AI大數據分析，先把客人可能購買的商品送到距離最近的衛星倉，如此，當客人一下單，就能立刻出貨，縮短交期。

momo 打造短鏈物流的效益，表現在營收上，原本與同業 PChome 不分軒輊，2018 年雙 11 開始就拉開差距，之後 momo 就一路攀升，倍數成長，PChome 已望塵莫及。

2022 年 momo 喊出要成為「台灣 ESG 綠色電商 NO.1」的宣言之後，更是積極布局短鏈物流，減少中途宅配轉運的次數，短鏈物流的方式就讓 momo 光是 2022 年就減少了 2200 趟轉運次數，換算下來就是減少了約 75 公噸的碳排。

時至今日，momo 已是台灣規模最大的電商業者，其霸主地位無人能撼動，但是 momo 仍未守成，而是持續不斷地追求更快，包括下單快、出貨快、到貨快，也持續不斷地因應產業的快速變革，積極跟上大數據、智慧物流等趨勢，以滿足消費者的全方位需求。

### ◆ 觀察評估解析

momo 能在台灣的電商產業獨大，主要是因為它完全符合一站購足（One Stop Shopping）的概念。

我們要清楚知道，未來的實體通路只有大賣場、百貨公司才會好，街邊店的孤家店與專賣店都會做得非常

辛苦。街邊店唯有轉型成複合店，才會做得不錯。

而 momo 沒有街邊店，但是它透過整合管理，達到快速交貨。若是客戶買了 A 商品，momo 也會預想不久之後的將來，這個客戶可能還會需要 B 商品，於是在一定時間內，對這個客戶做精準投放。

但凡有在 momo 購物過的人都知道，只要買過一次，電腦或手機點任何網頁，都會出現附加廣告，它直接對消費者做精準投放，就是因為有我們的 Database，精準投放就能創造它再銷售的機會。

再者，momo 也做組合銷售，透過各種優惠促銷方案，讓消費者覺得自己賺到了，才會多掏錢出來購買。當然，最重要的就是 momo 能快速供貨，更能滿足消費者需求，因此能一躍成為台灣業界第一大。

雖然現在很多電商平台崛起，但是仍敵不過 momo，最主要就是因為 momo 的商品線最完整，它的電腦系統處理速度非常快，它運用 AI 大數據分析目標客戶買了什麼，立刻就可推估出這個客戶接下來還可能需要什麼，這就是透過 AI 得到精準決策的效果。

　　換言之，台灣很多做電商的業者都是等到客戶下單，才安排送貨，讓客戶要等好幾天才能收到貨。momo就不一樣，momo是透過自己的自動倉儲、AI大數據分析，來將客戶服務到最好。這就是momo的最大價值，也是整合能夠達到的效益。

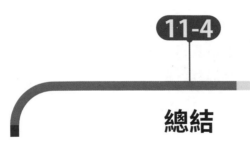

# 總結

　　從上述案例及近年來台灣百大製造業的興衰成敗可見，資源整合成功與否是左右集團企業興衰成敗的重要關鍵，因此老闆與 CEO 不要再一天到晚拿「公司還沒有大到需要做集團經營與統合管理」當藉口，現在若不趁著規模小時就開始布局，等到規模變大後再布局，就會窒礙難行。

　　再者，當總部沒有發揮統合、監督、分析的功能，沒有即時掌握所有情資，就無法即時做出精準決策。

　　若以產業鏈而言，精準決策就是要做到產銷整合，將供應鏈與通路鏈整合在一起，讓我們可以就近供貨、在地供貨來快速供貨。因為 2020 年 COVID-19 疫情爆發，導致全世界的物流都陷入停滯，大家才意識到全球化國際貿易的產銷分立已經落伍，區域經濟體內的產銷整合才有未來，因此不管是製造業或買賣業，都要到區

域經濟體內建立產銷據點來就近供貨，就近供貨才能快速供貨，快速供貨才能勝出。

若以經營模式而言，精準決策就是要做到 SI（System Integration；系統整合），亦即我們要變成集成商，讓我們的目標客群能在我們這裡一次購足、一次滿足。台灣很多企業都是專業化，認為我只要做好我的本業，或我只賣我的本業商品。然而，只做本業，或只賣本業商品，絕對做不大。再說，我們的客戶不會只需要我們的本業商品，一定還會需要其他商品，既然他要，我們為什麼不能一起提供給他？

當然，有人會疑惑：「那不是我做的，我要怎麼賣給他？」其實這就是一個自我設限。若是如同我的順口溜「我賣的不一定是我做的」，生意就能快速做大。若是堅持「我賣的一定是我做的」，什麼都要自己做，就要有本事做到像鴻海一樣的工廠規模，才能做大。

我過去主持企業，年營業額都能翻數十倍、乃至上百倍，就沒有依賴工廠。優派就是一個很好的範例，優派就是贏在會整合，也就是當我了解市場要什麼，我就去找來賣，並且運用組合銷售來服務客戶，客戶要什麼，我就轉手賣給客戶，這就是服務客戶，即便不是我

的主力商品，我還是可以順手為客戶服務，只要客戶買了，對我而言就是多賺。

當然，有人會覺得這樣毛利率就會下降。然而，我們可以試想一下，我做 100 萬元的業績，毛利率 40%，毛利金額就是 40 萬元；我若透過組合銷售，做到 300 萬元的業績，毛利率就算降到 30%，毛利金額也有 90 萬元，比 40 萬元來得大，因此企業經營不能看毛利率，要看毛利金額，毛利率是分析用。

再者，當我們毛利金額做到 90 萬元時，也只有花變動費用。原本毛利金額 40 萬元時，費用可能要花 30 萬元，淨利就是 10 萬元；現在毛利金額做到 90 萬元，費用可能只增加 10 萬元，淨利就是 50 萬元。整個淨利有 40 萬元的落差，這才叫賺錢。

這也可見，會整合、能做出精準決策的企業，將來一定會往多元化發展；多元化發展，才有助於企業愈做愈大。

精準獲利

精準獲利

# 精準獲利
## 企業永續經營、利潤極大化的商業模式秘訣

**作者**陳宗賢 **統籌**唐美娟 **文字編輯**吳青娥、胡榮華、吳宜樺 **美術設計暨封面設計**RabbitsDesign**行銷企劃經理**呂妙君 **行銷專員**許立心

**總編輯**林開富 **社長**李淑霞 **PCH生活旅遊事業總經理**李淑霞 **發行人**何飛鵬 **出版公司**墨刻出版股份有限公司 **地址**台北市民生東路2段141號9樓 **電話** 886-2-25007008 **傳真**886-2-25007796 **EMAIL** mook_service@cph.com.tw **網址** www.mook.com.tw **發行公司**英屬蓋曼群島商家庭傳媒股份有限公司城邦分公司 **城邦讀書花園** www.cite.com.tw **劃撥**19863813 **戶名**書蟲股份有限公司 **香港發行所**城邦（香港）出版集團有限公司 **地址**香港灣仔洛克道193號東超商業中心1樓 **電話**852-2508-6231 **傳真**852-2578-9337 **經銷商**聯合股份有限公司（電話：886-2-29178022）金世盟實業股份有限公司 **製版印刷** 漾格科技股份有限公司 **城邦書號**KG4026 **ISBN** 9789862898970 · 9789862898994（EPUB） **定價**450元 **出版日期**2023年8月初版

國家圖書館出版品預行編目(CIP)資料

精準獲利:企業永續經營、利潤極大化的商業模式秘訣/陳宗賢著. -- 初版. -- 臺北市：墨刻出版股份有限公司出版：英屬蓋曼群島商家庭傳媒股份有限公司城邦分公司發行, 2023.08
　面；　公分
ISBN 978-986-289-897-0(平裝)
1.CST: 企業經營 2.CST: 企業策略

494.1　　　　　　　　　　　112011007